职业教育课程创新系列教材·项目实战类

平面设计与应用

（CorelDRAW X7）（第2版）

主　编　孔祥华　李媛媛　杜秋磊

电子工业出版社

Publishing House of Electronics Industry

北京·BEIJING

内 容 简 介

本书是依据教育部颁布的"中等职业学校数字媒体技术应用专业教学标准"，按照"理实一体化""做中学、做中教"等职业教育教学理念编写而成的。

本书按照"案例（项目）—任务"体例编写，共 8 个案例（项目），每个案例又分为多个任务，每个任务有"任务引入""任务实施""作品欣赏""课后实训"四大主要版块，内容涵盖了平面设计中各个应用领域的知识与技能，理实一体化，注重学生能力的培养和基本功训练，内容呈现形式多种多样，图文并茂，清晰、生动地展示了操作步骤，案例讲解通俗易懂。本书配有教学指南、电子教案，以及各个案例（项目）的素材和最终效果图，供读者学习和参考。

本书可用作各类职业院校、社会培训学校教学用书，也可供有一定基础的计算机专业人员、平面设计爱好者参考使用。

图书在版编目（CIP）数据

平面设计与应用：CorelDRAW X7 / 孔祥华，李媛媛，杜秋磊主编. —2 版. —北京：电子工业出版社，2022.3

ISBN 978-7-121-43157-9

Ⅰ. ①平… Ⅱ. ①孔… ②李… ③杜… Ⅲ. ①平面设计－图像处理软件－中等专业学校－教材 Ⅳ.①TP391.413

中国版本图书馆 CIP 数据核字（2022）第 047101 号

责任编辑：郑小燕　　　　　　特约编辑：田学清
印　　刷：天津千鹤文化传播有限公司
装　　订：天津千鹤文化传播有限公司
出版发行：电子工业出版社
　　　　　北京市海淀区万寿路 173 信箱　　　　邮编：100036
开　　本：880×1 230　　1/16　　印张：11　　字数：253 千字
版　　次：2010 年 9 月第 1 版
　　　　　2022 年 3 月第 2 版
印　　次：2022 年 3 月第 1 次印刷
定　　价：36.00 元

序

　　当前我国经济已由高速增长阶段转向高质量发展阶段。实现高质量发展是开启全面建设社会主义现代化国家新征程、实现第二个百年奋斗目标的根本路径。高质量发展根本在于提升经济的活力、创新力和竞争力，而实现这一目标需要强大的人力资本和人才资源作为支撑。2021 年 4 月，习近平总书记在对职业教育工作作出重要指示强调，加快构建现代职业教育体系，培养更多高素质技术技能人才、能工巧匠、大国工匠。同年 10 月，中共中央办公厅、国务院办公厅印发的《关于推动现代职业教育高质量发展的意见》明确提出职业教育是国民教育体系和人力资源开发的重要组成部分，肩负着培养多样化人才、传承技术技能、促进就业创业的重要职责。在全面建设社会主义现代化国家新征程中，职业教育前途广阔、大有可为。

　　本书深入贯彻中共中央办公厅、国务院办公厅印发的《关于推动现代教育高质量发展的意见》和全国职业教育大会精神，以培养从事计算机图形图像处理、广告设计与制作、数字影像处理等工作的高素质技术技能型人才为目标，依据教育部中等职业学校计算机应用和计算机平面设计专业教学标准，将"理实一体化""做中学、做中教"等职业教育教学理念全方位贯穿，以情境问答为导语，以基础知识为铺垫，以领先的 CorelDRAW 矢量绘图软件为工具，辅以针对性强、相对成熟的实践案例，将信息化时代平面广告的设计理念与技术详实地呈现在读者面前，对职业教育教学工作者、平面设计相关专业学生及平面广告设计相关行业从业者均具有极强的参考价值。

　　与同类教材相比，该教材具有四个显著特点。一是知识体系系统科学。教材严格按照课程标准，从平面广告设计岗位群典型工作任务分析入手，使读者系统了解平面广告设计的原理和规范，科学掌握广告设计与制作流程和技术标准，熟练应用平面广告设计的方法和实现途径，将学习知识转化技能知识，为加快构建现代职业教育体系，实现从"学历型社会"向"技能型社会"转变提供实践路径。二是学习逻辑清晰易懂。教材遵循"提出问题—解释问题—解决问题—跟踪固化"的学习逻辑顺序和目标导向、问题导向、任务驱动等教学原则，完全符合教育教学和人才成长规律，使读者在跟随教材逐一解决问题同时逐步将相关知识和技能融会贯通，并进一步提升独立应用能力。三是实践案例成熟典型。教材中选取的项目均为真实案例。每个案例都经过实践检验，综合运用本阶段所学知识即可完美实现，真正实现理论联系实际。更为可贵的是，编者将这些案例按照实际工作流程，解析和重构从调研分析、设计开发到设计说明的全过程，着力综合提升读者的学习能力和专业能力。四是教学资源丰富多样。秉承电子工业出版社打造数字化教学资源的传统和优势，编者利用该社教学资源平台，开发了教学课件、习题库、案例库、拓展训练、微课视频等配套的课程教学资源，为教育教学提供全方位的支持和服务。同时，教材以图文并茂的呈现方式，简洁明快的语言风格，使读者能够更加轻松学习书中内容，快速提升平面广告设计水平。

当前我们比历史上任何一个时期都更接近实现中华民族伟大复兴的宏伟目标，也比历史上任何时期都更加渴求人才。提高职业技能是促进中国制造和中国服务迈向中高端的重要基础。希望广大从事职业教育教学工作者和平面设计相关专业学生及相关从业人员要勤用、善用、活用该教材，努力钻研技能，追求提高技能，早日成为高素质技术技能型人才，努力成为能工巧匠、大国工匠，为国家奋斗，让人生出彩！

2022.3.28 于长春

Preface

前　言

随着 5G 时代的到来和新媒体技术的快速发展，视频编辑、平面设计、文稿演示、数据处理等计算机应用技术已经成为每个人必备的基本信息素养。本书完全按照教育部颁布的教学标准编写，培养从事计算机图形图像处理、广告设计与制作、数字影像处理等工作的高素质劳动者和技能型人才。

平面广告作为一种高效的信息传播手段，广泛应用于社会公益、商业营销等诸多行业。一则优秀的平面广告设计既需要设计者有独特的灵感，还需要具备高超的绘制手段与技术。本书以情境问答为导语，以基础知识为铺垫，以全球领先的 CorelDRAW X7 矢量绘图软件为工具，辅之大量实践案例，将信息化时代平面广告的设计理念与技术详实地呈现在读者面前。该书无论是对平面广告设计等相关行业的从业者，还是对从事职业教育的教学工作者、平面设计相关专业学生都有极强的参考价值。

本书主编孔祥华老师在广告设计领域具有丰富的教学和实践经验，并编写了多本优秀教材：《平面广告设计与制作》、《平面广告设计与制作（第 2 版）》、《CorelDRAW X4 实战教程（产品设计与制作）》、《平面设计与应用(CorelDRAW X4)》。本书是《平面设计与应用(CorelDRAW X4)》的修订版，该书曾被评为教育部首批中等职业教育改革创新示范教材、吉林省教育学会第十一届优秀科研成果著作类一等奖，现已印刷 15 次，共发行近 2 万册，受到了广大师生的一致好评。

本书共 8 个案例（项目），每个案例又分为多个任务，每个任务有任务引入、任务实施、拓展训练、作品欣赏四个主要模块，体现了"学—练—习—思"的学习过程。本书教学学时安排建议为 108 学时，其中理论教学 38 学时，实践教学 70 学时。

本书由潘若龙、李曼担任主审，由孔祥华、李媛媛、杜秋磊任主编，其中孔祥华编写第一、四章，李媛媛编写第六、七、八章；杜秋磊编写第二、三、五章，王炳琨、孔祥玲参与编写和收集资料。主编对各章均做了认真的审定，并对全书进行了统稿。书籍在编写过程中得到了长春职业技术学校、长春第五中学、长春职业技术学院、长春大学、吉林省教育学院、吉林农业大学等领导和电子工业出版社的大力支持与帮助，在此表示衷心的感谢！

由于作者水平有限，书中疏漏之处在所难免，恳请大家批评指正，我们会及时认真订正，期待来自读者朋友们的宝贵意见（主编邮箱：187391706@qq.com）。

编　者

2022 年 3 月

content

目 录

吉林省教育学会

案例一

标志（会标）设计

● 任务引入

老师：大家对"标志"了解有多少？

学生：总能看到，比如：服装上的商标、楼盘的标志、学校的标志……

老师：大家能记住多少标志？对什么样的标志印象比较深刻？为什么会深刻？

学生：简单、易懂、色彩感染力强的都能记住，"为什么会深刻"就没有研究了。

老师：那么，这节课我就和大家一起系统地了解一下标志的设计方法，以及如何使用图形绘制软件来制作标志。

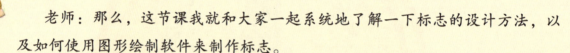

任 务 实 施

 标志设计概述

1. 标志的概念

标志是表明事物特征的记号。它以单纯，显著，易识别的物象、图形或文字符号为直观语言，除表示什么、代替什么之外，还具有表达意义、情感和指令行动等作用。

2. 标志设计的基本要求

一个优秀的标志应该具有独创性，符合标志所有者的属性，容易辨认，容易制作，还应具有适当的标准色。

3．标志的设计原则

（1）构思深刻巧妙。标志是传播信息的符号，因此设计者在构思时应深刻领会其代表的物品功能、用途及特点，然后进行必要的调查和艰苦的创作构思，以求得标志的最佳表现形式，从而实现设计意图。

（2）构图简洁生动。标志是以图像构成视觉语言并达到信号化的，因此标志应具有视觉凝聚力，其构图切忌杂乱，形象切忌平庸，要采用简洁明快、美观生动的构图形式，使人过目不忘。

（3）形象新颖独特。标志形象是否有特色、有个性，是否有所创新是评价标志优劣的关键。一般化和雷同的标志会使人记忆混杂模糊，从而失去标志的作用及意义。标志设计在符合美学法则的前提下标新立异至关重要。

4．标志设计的美学法则

（1）统一变化。统一产生和谐美，统一中有规律的变化能克服统一的单调，能刺激视觉，显示活泼的情趣。标志设计中常用的统一变化手法有简化、夸张、添加、省略、位移、变形等。

（2）均衡对称。均衡产生匀称美，对称产生端庄美，它们符合人的生理、心理及自然的规律。均衡和对称都能够产生平稳、安定、庄重的视觉效果。标志设计中常用的对称形式有左右对称、放射对称、中心对称；标志设计中常用的均衡形式有调和均衡、对比均衡。除此之外，设计者在设计时对其他因素如色、量、力的均衡也应考虑清楚。

（3）比拟与联想。比拟是一种文学上的说法，在形式美学中它与联想密不可分。联想是指人们根据事物之间的联系产生的、由此及彼的思维过程。联想是人联系目前的事物与以往曾接触过的相似、相反或相关的事物之间的纽带和桥梁，可以使人思路开阔。标志设计中的比拟与联想的造型有自然形态，以及概括提炼的抽象形态。

（4）节奏与韵律。节奏与韵律是指标志设计中的基本图形在其长短、大小、粗细、曲率及方位等方面给以有规律的重复、延续、交替变化，从而产生轻快、跳动、流动的视觉效应，使人感到律动美、机械美。

（5）调和与对比。调和即多样化的统一，调和使形态彼此和谐、相近，可以增强整体感。调和强调共性，使画面形成主调，从而产生完整统一的视觉效果。对比即显示出差异，对比能使形态互为反衬、互相烘托，可以增强表现力。标志设计中的调和有形体调和、色彩调和及明暗调和等；对比有形状对比、色彩对比、排列对比、质地对比及感觉对比等。

（6）比例与尺度。正确的比例与尺度会使标志造型完美，这包括标志图形形体的比例与尺度，标志图形与人的比例关系，标志图形与环境的比例关系，标志图形放置后受瞩目的最佳角度等。标志设计常用的比率有整数比、相加级数比、等比级数比、黄金分割比等，采用这些比例可使标志匀称、明快，表现出有节奏的视觉效果。

（7）色彩配置美。色彩可以使人产生丰富多彩的感情和联想，标志色彩应用得好，可以强化标志的形象、增加美感。标志的色彩在设计时应当处理好色相、色性、明度、纯度之间的关系，既要有主色调又要有所变化，既要和谐又要生动。

常用的标志色彩配合有以下几种。

① 原色配合。色彩给人以单纯鲜明、艳丽活泼、激动快乐的感受，常常与运动会、儿童、艺术相关。

② 调和色配合。色彩的调和有同类色调和、类似色调和及对比色调和。设计时，设计者可以确定一种调和方法，用这种方法调和不同的图形部分可以使各个部分拥有内在的联系，达到调和效果。

③ 对比色配合。对比有互补互衬的作用，色彩鲜艳醒目，运用得当，能达到增强视觉冲击力，形象个性化的目的。常用的色彩对比包括色相对比、明度对比、冷暖对比、纯度对比。

本案例介绍利用 CorelDRAW X7 软件设计制作吉林省教育学会会标的方法和步骤，最终效果如图 1-1 所示。

图1-1

标志（会标）案例分析

1．调研分析

（1）吉林省教育学会成立于 1979 年，是中国教育学会、吉林省社会科学联合会的团体会员，业务主管部门为吉林省教育厅。

（2）自成立以来，吉林省教育学会不断发展壮大，得到了各级学会、学校和教育行政部门的高度肯定，成为本省校本教育科研指导的品牌。其主办的《吉林教育·综合版》杂志已成为吉林省基础教育研究的重要平台。该学会近三年组织捐书等社会公益活动十余项。吉林省教育学会现已发展成为全省组织最健全、规模最大、社会影响力最强、学术水平较高的，直接服务于基础教育的群众性教育学术团体，为本省教育改革和发展做出了重要贡献。

（3）近年来吉林省教育学会以"建设一个标准化为基础，特色化为主体，群众性为特点，高水平学术能力为主要内容，具有鲜明特色的学术社团"为发展目标，已经初步形成了教育科研特色化的特征。

2．会标设计要求

（1）全新的标志设计。

（2）作为学会会标，需要充分体现学会办会特色及办会理念，突出学会形象特征，富有艺术感染力。

3．要素提炼

经过调研及对标志设计要求分析之后，对已知信息进行概括提炼，初步确定标志设计所需要表达的主要信息具体如下。

（1）吉林省教育学会是吉林省省内较大的教育社团组织。

（2）学会共设有五室一部，它们分别为办公室、学术室、期刊编辑室、信息室、财务室、会员工作部。

（3）学会中文全称：吉林省教育学会。

（4）学会拼音全称：JI LIN SHENG JIAO YU XUE HUI。

（5）学会定位及特色：被授予国家最高等级 5A 级学会，近年来吉林省教育学会以"建设一个标准化为基础，特色化为主体，群众性为特点，高水平学术能力为主要内容，具有鲜明特色的学术社团"为发展目标，已经初步形成了教育科研特色化的特征。

4．设计开发

基于上述分析，经过多次方案的修正，最终会标的效果如图 1-1 所示。

5．设计说明

（1）会标将传统的稻穗、书、人形象相结合，代表了不断发展的、具有凝聚力精神的学会。随着吉林省学会的跨越式发展，学会将在肥沃的黑土地上不断前行，向着美好的未来进发。

（2）会标正中间以"人"字正面来体现"众"的元素。

（3）3个人型的图案代表"众"，颜色选择了比较养眼的——绿色。

（4）会标外圈圆环内包括了学会名称，上方为学会的汉语拼音全称"JI LIN SHENG JIAO YUE XUE HUI"，拼音采用红色，醒目突出，下方为中文"吉林省教育学会"，文字颜色采用黑色，突出而庄重。

 会标的设计与制作过程

任务一：图形的设计与制作

●STEP01 打开 CorelDRAW X7 软件，单击菜单栏中的【文件】→【新建】选项，新建一个空白文件，使用默认纸张大小，"创建新文档"对话框如图 1-2 所示。

操作提示 新建空白文件的另三种方法如下。

● 启动 CorelDRAW X7 软件之后，单击"快速启动"栏中的按钮。

● 在标准工具栏单击第一个按钮。

● 使用【Ctrl】+【N】快捷键。

●STEP02 单击工具箱中的"椭圆形"图标，然后按住【Ctrl】键，在绘图窗口中按住鼠标左键拖动出一个正圆形。在属性栏中，设置【对象大小】如图 1-3 所示，绘制的圆形如图 1-4 所示。

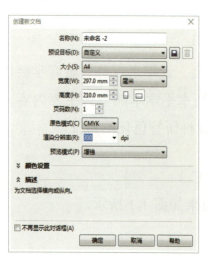

图1-2

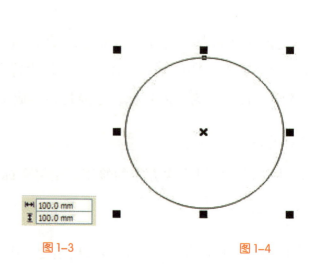

图1-3   图1-4

STEP03 单击菜单栏中的【窗口】→【泊坞窗】→【变换】→【大小】选项，或者使用【Alt】+【F10】快捷键进行参数设置，参数设置如图 1-5 所示，然后单击【应用】按钮，缩小复制窗口中的正圆形，效果如图 1-6 所示。

操作提示

● 本书步骤中提到的"单击"均指的是"鼠标左键单击"，"右击"均指的是"鼠标右键单击"，"双击"均指的是"鼠标左键双击"。

● 被选择对象的周围有 8 个控制点，正中心有 1 个点，这 9 个点与图 1-5【变换】对话框里【按比例】下方的 9 个可选位置是对应的，在进行变换操作时，设计者可以对照控制点的位置做相应的选择。

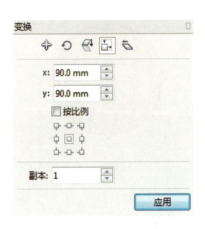

图 1-5

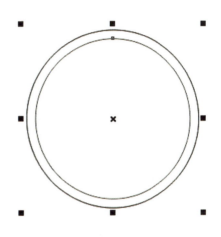

图 1-6

 STEP04 单击工具箱中的【颜色滴管工具】图标，单击右侧默认 CMYK 调色板，单击黄色，然后按住鼠标左键将其拖动到大的圆中，为大圆填充颜色，具体参数 CMYK 为 0、0、100、0，如图 1-7 所示。

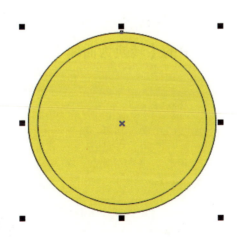

图 1-7

如何填充对象颜色。

- 填充对象内部颜色：在窗口右侧的调色盘中相应颜色上单击。

- 填充对象轮廓颜色：在窗口右侧的调色盘中相应颜色上右击。

- 若调色盘中没有所需的颜色，可以选择窗口右下角的 C: 100 M: 0 Y: 100 K: 0 ，上面的色块是对象内部颜色，下面的色块是对象轮廓颜色，分别双击色块，可以在弹出的对话框中更改颜色及其他设置。

●STEP05 单击窗口菜单下的【泊坞窗】，打开对象属性面板，点选外面大圆的线条，分别如图 1-8 和图 1-9 所示，里面的小圆与前面大圆设置的过程相同。

图 1-8   图 1-9

●STEP06 按住鼠标左键然后拖动框选大小两个圆环，单击属性栏中的【对齐与分布】，然后分别单击【水平居中对齐】图标 и 和【垂直居中】图标 и，弹出的对话框设置如图 1-10、图 1-11 所示。

 按住【Shift】键加选对象，对齐两个或两个以上对象时，以最后加选的对象为对齐基准。

●STEP07 单击工具箱中的【矩形】图标 □，绘制一个小矩形。在属性栏中，设置【对象大小】如图 1-12 所示。单击属性栏中的【转换为曲线】图标 ○，或者使用【Ctrl】+【Q】快捷键，将矩形转换为曲线。

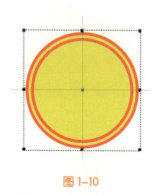

图 1-10   图 1-11   图 1-12

STEP08 单击工具箱中的【形状】图标 🔧，在矩形的轮廓上添加 2 个节点，删除 1 个节点，节点的位置如图 1-13 所示。添加的 2 个节点位于图中三角区内，删除的节点位于图中三角内，效果如图 1-14 所示。

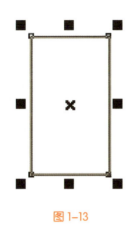

图 1-13

图 1-14

添加节点：在对象的轮廓上没有节点的位置双击，可以添加一个新节点。

删除节点：在对象的轮廓上有节点的位置双击，可以删除该节点。

STEP09 单击工具箱中的【形状】图标 🔧，然后单击矩形左上角节点，在节点位置的圆圈内，单击属性栏中的【转换直线为曲线】图标 🔧，将鼠标指针放在斜线中间位置，当指针发生变化时，按住左键向左拖动，调整该直线为曲线，调整后的效果如图 1-15 所示。

STEP10 执行菜单栏中对象原点，单击右侧图标 🔳，然后单击【窗口】→【泊坞窗】→【变换】→【比例】选项，或者使用【Alt】+【F9】快捷键，单击【水平镜像】图标 🔳，其他设置如图 1-16 和图 1-17 所示。单击【应用】按钮，选择【合并】图标 🔳，效果如图 1-18 所示。

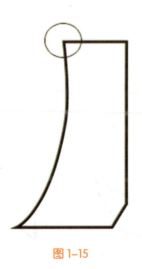

图 1-15

图 1-16

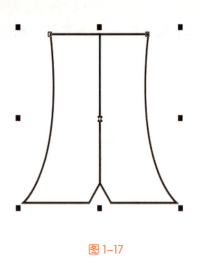

图 1-17

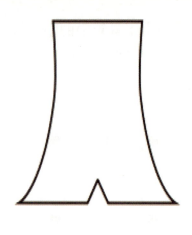

图 1-18

⬤STEP11 用图 1-18 所示的样图，设置参数 CMYK 为 100、0、100、0，填充好颜色，效果如图 1-19 所示，按住【Ctrl】键，选择图 1-18 样图复制，粘贴 2 次，然后将它们移动到相应的位置上，效果如图 1-20 所示。

图 1-19

图 1-20

⬤STEP12 单击图标🔽直接把样图的文件放大，单击贝赛尔线工具画麦穗的轮廓图，如图 1-21 和图 1-22 所示。

图 1-21

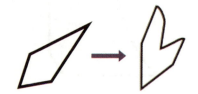

图 1-22

当两个对象焊接之后，可以用"形状工具"进行检验，选择"形状工具"后框选对象（焊接后）轮廓上的各个节点，以检验节点是否闭合在一起。如果节点没有闭合，则对象内部填充不上颜色。

检验方法：用"形状工具"框选节点，若在属性栏中的【连接两个节点】按钮浮动，证明当前框选的节点是没有闭合的；若是【分割曲线】按钮浮动，证明当前框选的节点已经闭合。

● STEP13 单击对象，然后单击属性栏中的【水平镜像】图标 ，设置完成前后图形如图 1-23 和图 1-24 所示。

图 1-23　　　　　　　　　　　　　　　　　　图 1-24

● STEP14 单击工具箱中的【挑选】图标 ，选中"麦穗"一半的部分，将麦穗移动到适当的位置，填充绿色，去轮廓线，效果如图 1-25 和图 1-26 所示。

图 1-25　　　　　　　　　　　　　　　　　　图 1-26

操作提示

如何捕捉对象。

单击菜单栏中的【窗口】→【视图】→【贴齐对象】选项，或者使用【Alt】+【Z】快捷键，鼠标指针可以自动捕捉对象的边缘、节点、中心等位置。

作图时设计者可以根据需要，利用快捷键随时开启或关闭【贴齐对象】命令，以提高工作效率和准确度。

STEP15 将麦穗放到前面制作好的图中，选择【对齐】与【分布】进行调版，水平和垂直居中即可，参数设置与完成效果如图 1-27 和图 1-28 所示。

图1-27

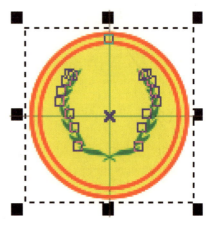

图1-28

STEP16 将前面制作好的"众"字形的图形，也放到适合的位置上，效果如图 1-29 所示。

图1-29

操作提示

只有闭合图形才可填充内部颜色，如果图形轮廓上的任意一节点被炸开，图形将不再闭合，内部颜色将无法填充。

在此，我们先将节点炸开，以便修整图形轮廓，此时图形内部颜色将被去除，待闭合图形，颜色会自动填充回来。

任务二：文字的设计与制作

STEP01 单击工具箱中的【文本】图标 字，在窗口中的合适位置单击，在属性栏中设置【字体】及【字体大小】，如图 1-30 和图 1-31 所示，输入"吉林省教育学会"，填充文字颜色为黑色，设置参数 CMYK 为 0、0、0、100。

图 1-30   图 1-31

STEP02 单击工具箱中的【文字】图标 字，选中"吉林省教育学会"文字，此步骤流程如图 1-32、图 1-33、图 1-34 所示。

图 1-32   图 1-33   图 1-34

STEP03 单击【选择】图标 ，选中文本之后按住鼠标右键拖动文本到大圆环正上方，待鼠标指针变成 ，释放鼠标，在下拉菜单中选择【使文本适合路径】命令如图 1-35 所示，在属性栏中，设置【与路径距离】参数如图 1-36 所示。按住鼠标左键向右拖动文本右下角的箭头，效果如图 1-37 所示。

图 1-35   图 1-36   图 1-37

操作提示

    如何调整文本的字行距、字间距。

    单击页面中的文本，选择工具箱中的【形状】工具，在文本的左下角及右下角有箭头标志，按住鼠标左键分别拖动这两个箭头标志就可以调整该文本的字行距和字间距。

● STEP04 单击工具箱中的【挑选】图标 ，单击文字执行逆时针旋转如图1-38所示，选择属性栏中的【水平镜像】和【垂直镜像】图标 和 ，效果如图1-39、图1-40、图1-41所示。

图1-38

图1-39

图1-40

图1-41

● STEP05 单击工具箱中的【文本】图标 ，设置【字体】及【字体大小】如图1-42所示，输入"JI LIN SHENG JIAO YU XUE HUI"如图1-43所示，填充颜色及轮廓色均为白色，设置参数CMYK为0、100、100、0。

图1-42

JI LIN SHENG JIAO YU XUE HUI

图1-43

● STEP06 按住鼠标右键拖动文本到大圆环正下方，待鼠标指针变成 ，释放鼠标，在下拉菜单中选择【使文本适合路径】，按住鼠标左键沿着大圆环逆时针方向拖动文本左下角的红色节点，节点位置如图1-44所示，数据设置与文本位置如图1-45、图1-46所示。

图1-44

图1-45

图1-46

STEP07 再次拖动文本左下角的红色节点，调整文本至合适位置。单击工具箱中的【形状】图标，选中文本，按住鼠标左键向右拖动文本右下角的箭头，调整文本的字间距，调整前后图形如图 1-47 和图 1-48 所示。

图 1-47

图 1-48

以上是吉林省教育学会会标的设计制作过程，最终效果如图 1-49 所示。

图 1-49

作品欣赏

图 1-50 至图 1-60 为各种类型的图标。

图 1-50

图 1-51

图 1-52

图 1-53

图 1-54

图 1-55

图 1-56

图 1-57

图 1-58

图 1-59

图 1-60

课后实训

为自己班级设计一款标志。

要求：

（1）中英文不限；

（2）简洁明快、大方得体、美观；

（3）图形、字体的选择及色彩的搭配要符合班级特点；

（4）附带100字的文字说明（想法、设计思路）。

公长

吉 林 省 教 育 学 会

吉林省教育学会
吉林省教育学会科研管理系统

省内教育系统最大学会

名片设计

● 任务引入

　　老师：大家知道名片吗？

　　学生：当然知道，名片就是自我介绍的小卡片。

　　老师：完全正确，虽然是一张小卡片，但是上面凝聚了重要的信息，那么上面都有
什么信息呢？

　　　　学生：姓名、单位名称、地址、固定电话、手机、邮箱、二维码（条码）等。

　　　　老师：好的，这节课我们讲一下，如何将这些有效信息合理地组织在一起，
使一张小小的卡片看起来更加美观、使人过目不忘。

⭐ 名片设计要点

1. 名片设计的基本要求

　　名片是介绍一个人、一种职业或一个单位的独立媒介。在名片设计上除了要讲究艺术性之外，更要便于记忆，让人在最短的时间内就能获得所需要的信息。因此，名片设计必须做到文字简明扼要，字体层次分明，强调设计意识，艺术风格要新颖。

2. 名片设计的程序

　　（1）调研。设计名片之前设计者首先要了解以下三个方面的信息。

①持有者的身份、职业。

②持有者的单位及其单位的性质、职能。

③持有者及单位的业务范畴。

（2）独特的构思。独特的构思来源于设计者对设计的合理定位，来源于设计者对名片持有者及单位的全面了解。一个好的名片构思应经得起以下几个方面的考核。

①是否具有视觉冲击力和可识别性。

②是否具有媒介主体的工作性质和身份。

③是否别致、独特。

④是否符合持有人的业务特性。

（3）设计定位。设计者依据对前几个方面的了解，确定名片的设计构思、构图、字体、色彩等。

3．名片设计中的构成要素

所谓构成要素是指构成名片的各种素材，一般是指标志、图案、文案（名片持有人姓名、通信地址、通信方式）等。这些素材各有不同的使命与作用，统称为构成要素。构成要素分为以下两类。

（1）属于造型的构成要素：

①标志（用图案或文字造型设计并注册的商标或企业标志）；

②图案（形成名片特有的色块）；

③轮廓（几何边框）。

（2）属于方案的构成要素：

①名片持有人的姓名及职务；

②名片持有人的单位及地址；

③通信方式；

④业务领域。

以上构成要素在名片的设计中各司其职，设计者可依据名片的类型确定其设计的着重点。

4．名片的视觉流程

合理的视觉流程应具有主题突出、视线的流动路线明确、层次分明的特点。

名片的视觉流程与名片的排版顺序有直接关系。例如，横排版时人的视线就是左右方向的；竖排版时人的视线就是上下方向的。

名片的视觉流程顺序受视觉的主从关系影响。合理的名片设计，一般有一个明确的视觉层次，可以引导人们首先看什么，然后看什么，最后看什么。一般名片的视觉中心是名片的主题，其次是名片的辅助说明，最后是名片标志和图案。

5．名片的尺寸

一般名片的标准尺寸为 90mm × 54mm、90mm × 50mm、90mm × 45mm；印刷（含出血，即上下左右各加 2mm）尺寸为 94mm × 58mm、94mm × 54mm、94mm × 49mm。所以设计制作时，如果名片需要印刷出来，尺寸必须设定为印刷尺寸，如果只是练习制作，可以使用标准尺寸。

6．名片内容的构图

（1）长方形构图。

（2）椭圆形构图。

（3）半圆形构图。

（4）左右对分形构图。

（5）斜置形构图。这是一种强力的动感构图，主题、标志、辅助说明文案按区域斜置放置。

（6）三角形构图。三角形构图是指主题、标志、辅助说明文案构成相对完整的、三角形外向对齐的构图。

（7）轴线形构图。轴线形构图分中轴线形构图与不对称轴线形构图两类。

①中轴线形构图：在画面中央设一条中轴线，名片的主题、标志、辅助说明文案以中轴线为准居中排列。

②不对称轴线形构图：习惯上把主题、标志、辅助说明文案排在轴线的右边，一律向左看齐，也可以反过来向右看齐。

（8）对位编排构图。在同一面的空间内，两个图形在位置上有某种正对关系，使画面各种不同图形之间增强联系。

①心线对位：在同一构图中，构成要素的心线对齐。

②边线对位：在同一构图中，构成要素的单边线或双边线对齐或错边对齐。

第一，单边对位。构成要素的相同侧边或不同侧边成对齐关系。

第二，双边对位。构成要素的双边对齐。

第三，错边对位。构成要素的相邻两边成对齐关系。

③数比对位。在同一构图中有两个以上的图形，一个图形的边线与下一图的正对位置在一定的数比关系上。

此项目是笔者为吉林省教育学会会长设计的一款名片，主要是通过该名片设计过程介绍利用 CorelDRAW X7 软件设计制作名片的方法和步骤。名片的正反面效果如图 2-1 所示。

图 2-1

名片的设计与制作过程

任务一：图形的设计与制作

STEP01 打开 CorelDRAW X7 软件，单击菜单栏中的【文件】→【新建】选项，新建一个空白文件，设定纸张大小（不含出血），如图 2-2 所示。

图 2-2

　本案例由于不需要印刷，所以纸张的大小设定是标准尺寸。

STEP02 双击工具箱中的【矩形】图标 ▫，直接绘出与页面尺寸大小相同的矩形，效果如图 2-3 所示。

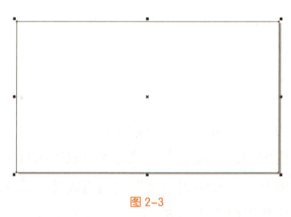

图 2-3

STEP03 单击菜单栏中的【窗口】→【泊坞窗】→【变换】→【大小】选项，或者使用快捷键【Alt】+【F10】进行参数设置，参数设置如图 2-4 所示，然后单击【应用】按钮完成设置，效果如图 2-5 所示。

图 2-4 图 2-5

STEP04 单击属性栏中的【转换为曲线】图标 或使用快捷键【Ctrl】+【Q】。单击工具箱中的【形状】图标 ，选中小矩形左上角的节点，单击属性栏中的【转换直线为曲线】图标 ，将鼠标指针放在小矩形左上角节点和左下角节点连线的中点位置，按住鼠标左键向右拖动，调整效果如图 2-6 所示，并填充颜色为薄荷绿，设置参数 CMYK 为 40、0、40、0，轮廓色设置为"无"，效果如图 2-7 所示。

图 2-6 图 2-7

STEP05 单击工具箱中的【矩形】图标 ，在绘图窗口中绘制一矩形。在属性栏中，设置【对象大小】如图 2-8 所示，并填充颜色薄荷绿，设置参数 CMYK 为 40、0、40、0，轮廓色设置为"无"，效果如图 2-9 所示。

图 2-8 图 2-9

STEP06 制作会标或直接将前面制作的会标导入文件中，绘制一个 90mm×50mm 的矩形，并填充颜色朦胧绿，设置参数 CMYK 为 20、0、20、0，轮廓色设置为"无"，如图 2-10 所示。

图 2-10

STEP07 将会标放入指定的位置，参数设置如图 2-11 和图 2-12 所示。

图 2-11   图 2-12

STEP08 将名片信息的二维码放到适合的位置，参数设置和效果如图 2-13 和图 2-14 所示。

图 2-13   图 2-14

STEP09 单击工具箱中的【2 点线】图标，画出一条水平直线，参数设置及完成图如图 2-15 和图 2-16 所示。

图 2-15   图 2-16

STEP10 将这条直线的线条轮廓宽度设置为 0.5mm，颜色设置为橘红，设置参数 CMYK 为 0、60、100、0，设置过程与完成效果如图 2-17 和图 2-18 所示。至此，名片的图形部分完成。

图 2-17

图 2-18

任务二：文字的设计与制作

STEP01 单击工具箱中的【文本】图标字，设置【字体】及【字体大小】如图 2-19 和图 2-20 所示，输入"×××会长"，填充黑色，设置参数 CMYK 为 0、0、0、100，然后将文字放置在合适的位置上，如图 2-21 所示。

图 2-19

图 2-20

图 2-21

STEP02 单击工具箱中的【文本】图标字，设置【字体】及【字体大小】，输入文字"吉林省教育学会"，填充黑色，设置参数及实际效果如图 2-22 和图 2-23 所示。

图 2-22

图 2-23

STEP03 单击属性栏中的【无水平对齐】图标，在其下拉菜单里选择【右对齐】图标，调整好文本的字间距和行距，将部分文字填充黑色，设置参数 CMYK 为 0、0、0、100，另一部分文字填充橘色，设置参数 CMYK 为 0、60、100、0，具体设置及完成效果如图 2-24 和图 2-25 所示。将 5 行文字右对齐，名片的正面就制作完成，效果如图 2-26 所示。

以上是名片的正面设计及制作过程，参照上述方法，设计制作名片的背面效果，如图 2-27 所示。

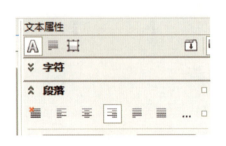

图 2-24

图 2-25

图 2-26

图 2-27

作品欣赏

图 2-28 至图 2-30 为一些设计完成的名片。

图 2-28

图 2-29

图 2-30

🌟 课后实训

为自己设计一款名片。

要求：

（1）中英文结合，文字简明扼要，字体层次分明；

（2）便于记忆，具有可识别性；

（3）强调设计意识，艺术风格要新颖。

（4）附带 100 字的文字说明（想法、设计思路）。

3

案例三

装饰图案设计

● 任务引入

老师："装饰图案"这个词大家了解吗？

学生：不太了解，听说过，那是什么啊？

老师：大家从字面上试着理解一下，什么是"装饰图案"？

学生：可以美化和装饰环境的花纹、画。

老师：说对了一部分，那么这节课我们来学习什么是"装饰图案"，了解它的具体用处、设计方法，以及利用软件制作的方法。

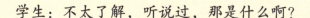

装饰图案概述

1．装饰图案的概念

图案即图形的设计方案。装饰图案是把生活中的自然形象——花卉、动物、人物、风景等，经过夸张、变形、概括和修饰等手法进行艺术加工，使其造型、构图、色彩等都符合实际运用要求的图案。

装饰图案与人们的生活密不可分，人们的衣食住行用都离不开装饰图案，所以装饰图案是艺术性和实用性相结合的艺术形式。因为它必须依附于某种形体或某些部位上，所以在设计时，设计者不仅要考虑它的艺术性，还要体现它的实用功能，同时设计过程也要受生产技术、物质材料的制约。

2．装饰图案的构图和类别

图案的构图是由图案的内容和用途及制作条件而定的，形式多样、变化万千，综合结构特点，其可被归纳为独立性构图和连续性构图两大类。独立性构图的图案有单独图案和适合图案，连续性构图的图案有二方连续图案和四方连续图案。

（1）单独图案。单独图案是装饰图案最基本的单位纹样，又称自由纹样、单独纹样，具有相对独立性，即其不受外形和任何轮廓的局限，能单独用于装饰，也可以组合成各种不同形式的单位纹样。单独图案是构成适合图案、连续图案必不可少的基本单位。其又主要有对称式和均衡式两种形式。

①对称式：是以一条直线为对称中心，在中轴线两侧配置等形等量的纹样，或者以一点为中心上下左右纹样完全相同的组织方法。对称式纹样结构整齐、庄重、大方，有静态感。但设计者在设计时要注意纹样的布局和色彩变化，以免平淡呆板。

②均衡式：在中轴线或中心点的上下左右采取等量不等形的纹样组织。这种构图比较自由，变化丰富、生动、新颖，只要不失重心，在保持平衡的前提下，可以任意构图。

（2）适合图案。适合图案是将纹样组织在特定的轮廓（方形、圆形、三角形等）中去寻求变化，纹样要求主次分明，布局得当，疏密有致，形象舒展，以取得生动活泼效果的一种图案。当这些外轮廓去掉时，纹样仍然要保持外轮廓的特点。其分为均齐式和均衡式两种形式。

①均齐式：采用上下对称或左右对称和等份配置的格式，是有规则的组织，从中心点或中轴线划分几个相等区域，在一个区域内将纹样组织好，作为一个单元移入其他单元区域。均齐式的构成方法有直立式、放射式、旋转式、回纹式。

②均衡式：纹样在特定的外轮廓中，形象不做对称状，比较自由活泼，但该形式要注意重心稳定，分量相等，以及疏密、虚实、空间处理与装饰效果。

（3）二方连续图案。二方连续图案也称花边图案，是将一个单位纹样向上下（纵式二方连续）或左右（横式二方连续）两个方向反复排列而形成的连续图案。二方连续图案的排列方法有散点式、连圆式、直立式、倾斜式、波浪式、综合式。

（4）四方连续图案。四方连续图案是由一个纹样或几个纹样组成一个单位，向上下左右四个方向反复连续而成的图案形式。四方连续图案的变化很多，它们的不同主要在于"单独纹样"不同。常用的组织方法有散点连续纹样、连缀连续排列、重叠连续纹样。

此案例是以方形适合图案为例，介绍利用 CorelDRAW X7 软件设计制作本案例的方法和步骤。最终效果如图 3-1 所示。

图 3-1

🌟 装饰图案的设计与制作过程

任务：装饰图案的设计与制作

●STEP01 打开 CorelDRAW X7 软件，单击菜单栏中的【文件】→【新建】选项，新建一个空白文件，纸张大小为默认 A4 即可，如图 3-2 所示。

图 3-2

●STEP02 单击工具箱中的【基本形状】图标 ⬚，在属性栏中，单击【完美形状】按钮，在下拉菜单中选择直角三角形，下拉菜单如图 3-3 所示。

●STEP03 配合【Ctrl】键，按住鼠标左键，在页面中拖动出一个等腰直角三角形。在属性栏中设置【对象大小】如图 3-4 所示，填充颜色为黑色，轮廓色设置为"无"。

图 3-3　　　　　　　　　　　　　　　　　　　　　图 3-4

●STEP04 单击菜单栏中的【窗口】→【泊坞窗】→【变换】→【大小】选项，或者使用快捷键【Alt】+【F10】，参数设置如图 3-5 所示，单击【应用】按钮完成设置，缩小复制图中的黑色三角形，填充颜色，设置参数 CMYK 为 30、0、30、0，轮廓色设置为"无"，效果如图 3-6 所示。

图 3-5

图 3-6

●STEP05 单击工具箱中的【挑选】图标 ，选择黑色三角形，再次单击菜单栏【窗口】→【泊坞窗】→【变换】→【大小】选项，或者使用快捷键【Alt】+【F10】，参数设置如图 3-7 所示，单击【应用】按钮，缩小复制图中的黑色三角形，填充颜色，设置参数 CMYK 为 100、50、100、30，轮廓色设置为"无"，效果如图 3-8 所示。

●STEP06 单击阴影工具组箱中的【调和】图标 ，将鼠标指针放在中间三角形上，按住鼠标左键将其拖动至小三角形上，当两个三角形之间出现轮廓的时候，如图 3-9 所示，释放鼠标，效果如图 3-10 所示。

图 3-7

图 3-8

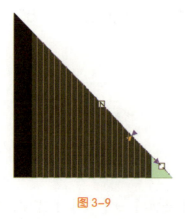

图 3-9

图 3-10

●STEP07 在属性栏中设置步骤或调和形状之间的偏移量如图 3-11 所示，设置完成后的效果如图 3-12 所示。

图 3-11   图 3-12

STEP08 在属性栏中单击【对象和颜色加速】图标 ，下拉菜单的设置如图 3-13 所示。
单击属性栏中的【加速调和时的大小调整】图标 ，设置完成后的效果如图 3-14 所示。

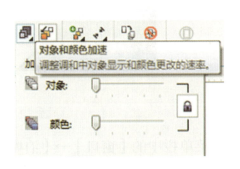

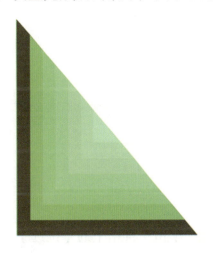

图 3-13   图 3-14

STEP09 单击工具箱中的【贝塞尔】图标 ，在绘图区中单击，定位起点，将鼠标移动
到下一个定位点的位置，再次单击或按住左键拖动，定位第二个节点，以此类推，回到起
点单击，闭合图形，绘制花叶的大致外轮廓，效果如图 3-15 所示。

用【贝塞尔】工具生成节点时，如果单击，则生成的节点属性为尖角节点，
该节点与上一个节点之间的线质为直线；如果按住鼠标左键拖动，则生成的节点
属性为平滑节点，该节点与上一个节点之间的线质为曲线。节点属性和线质可以
用【形状】工具在属性栏中修改。

STEP10 单击工具箱中的【形状】图标 ，选中欲修改的节点，在属性栏中，单击 、
 或 图标可将节点的属性更改成【尖突节点】、【平滑节点】或【对称节点】；单击 或
图标分别代表【转换曲线为直线】或【转换直线为曲线】；拖动节点两侧的调节柄可以调节
曲线的曲度。花叶的外轮廓调节效果如图 3-16 所示。

33

扫一扫 学一学

图 3-15   图 3-16

STEP11 单击菜单栏中的【窗口】→【泊坞窗】→【变换】→【大小】选项，或者使用快捷键【Alt】+【F10】，参数设置如图 3-17 所示，设置完成后单击【应用】按钮。

STEP12 填充花叶颜色，设置参数 CMYK 为 20、0、60、20，轮廓色为白色。在属性栏中设置轮廓线的宽度，具体设置如图 3-18 所示。将花叶移动到三角形右下角，效果如图 3-19 所示。

图 3-17   图 3-18   图 3-19

STEP13 单击工具箱中的【挑选】图标，再次单击菜单栏中的【窗口】→【泊坞窗】→【变换】→【大小】选项，或者使用快捷键【Alt】+【F10】，参数设置如图 3-20 所示，然后单击【应用】按钮，缩小复制花叶，填充颜色，设置参数 CMYK 为 10、0、50、0，轮廓色设置为"无"，并调整位置，如图 3-21 所示。

图 3-20   图 3-21

STEP14 单击工具箱中的【交互式调和】图标，将鼠标指针放于小花叶上，按住鼠标左键将其拖动至大花叶上，当出现轮廓的时候，释放鼠标。在属性栏中设置步骤或调和形状之间的偏移量如图 3-22 所示，设置完成之后的效果如图 3-23 所示。

图 3-22　　　　　　　　　　　　　　　图 3-23

●STEP15　参考 STEP09 ~ STEP10 的做法，绘制出花瓣的外轮廓，并单击菜单栏中的【窗口】→【泊坞窗】→【变换】→【大小】选项，或者使用快捷键【Alt】+【F10】，参数设置如图 3-24 所示，设置完成后单击【应用】按钮，以调节花瓣的大小。

●STEP16　填充花瓣颜色，设置参数 CMYK 为 0、20、100、0，轮廓色为白色。在属性栏中设置轮廓线的宽度如图 3-25 所示，并移动到左上角位置，效果如图 3-26 所示。

　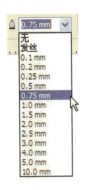　

图 3-24　　　　　　　　图 3-25　　　　　　　　图 3-26

●STEP17　单击工具箱中的【挑选】图标 ，再单击菜单栏中的【窗口】→【泊坞窗】→【变换】→【大小】选项，或者使用快捷键【Alt】+【F10】，参数设置如图 3-27 所示，然后单击【应用】按钮，缩小复制花瓣，填充颜色为白色，轮廓色设置为"无"，并调整位置，效果如图 3-28 所示。

图 3-27　　　　　　　　　　　　　　图 3-28

●STEP18　单击工具箱中的【交互式调和】图标 ，将鼠标指针放于白色小花瓣上，按住鼠标左键将其拖动至大花瓣上，出现轮廓时，释放鼠标。在属性栏中设置步骤或调和形状

35

之间的偏移量如图 3-29 所示，效果如图 3-30 所示。

⬤STEP19 确定花瓣在被选中状态下之后，再次单击，将花瓣中间的旋转中心"⊙"拖动到适当的位置，按住鼠标左键向下拖动左上角的旋转点，当花瓣处于水平位置时，不松开鼠标左键直接右击，释放鼠标，旋转复制花瓣，效果如图 3-31 所示。

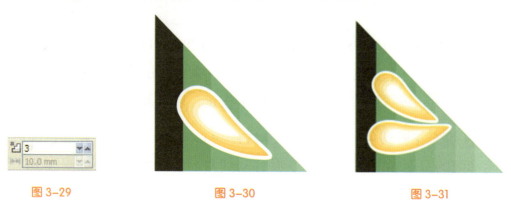

图 3-29   图 3-30   图 3-31

⬤STEP20 单击菜单栏中的【窗口】→【泊坞窗】→【变换】→【大小】选项，或者使用快捷键【Alt】+【F10】，参数设置如图 3-32 所示，然后单击【应用】按钮，放大花瓣，调整好位置，完成效果如图 3-33 所示。

⬤STEP21 确定第二个花瓣被选中，再次单击，将花瓣中间的旋转中心"⊙"拖动到适当的位置，向下拖动左上角的旋转点至合适位置，不松开鼠标左键直接右击，释放鼠标，旋转复制第三个花瓣，完成效果如图 3-34 所示。

图 3-32   图 3-33   图 3-34

⬤STEP22 单击菜单栏中的【窗口】→【泊坞窗】→【变换】→【大小】选项，或者使用快捷键【Alt】+【F10】，参数设置如图 3-35 所示，然后单击【应用】按钮，放大花瓣，调整好位置，完成效果如图 3-36 所示。

⬤STEP23 框选三角形及其内部所有对象，或者使用快捷键【Ctrl】+【G】。

⬤STEP24 单击菜单栏中的【窗口】→【泊坞窗】→【变换】→【旋转】选项，或者使用快捷键【Alt】+【F8】，参数设置如图 3-37 所示，然后单击【应用】按钮。单击属性栏中的【垂直镜像】图标 ，完成效果如图 3-38 所示。

图 3-35

图 3-36

图 3-37

图 3-38

◯STEP25 框选或按【Shift】键加选两个三角形，或者使用快捷键【Ctrl】+【G】。

◯STEP26 再次单击菜单栏中的【窗口】→【泊坞窗】→【变换】→【旋转】选项，或者使用快捷键【Alt】+【F8】，参数设置如图 3-39 所示，然后单击【应用】按钮。

以上是方形适合图案的设计及制作过程，最终效果如图 3-40 所示。

图 3-39

图 3-40

作品欣赏

图 3-41 至图 3-48 为各种已完成的装饰图案。

扫一扫 学一学

图 3-41

图 3-42

图 3-43

图 3-44

图 3-45

图 3-46

图 3-47

图 3-48

 课后实训

设计一个圆形适合图案。

要求：

（1）以花卉为变形依据；

（2）造型、构图、色彩等都适合实际运用；

（3）强调设计意识，艺术风格要新颖；

（4）附带100字的文字说明（想法、设计思路）。

案例四

书籍装帧设计——杂志四封及内页设计

● 任务引入

老师：我们每学期都会发教材，大家有没有仔细看过？

学生：看过，看书名、看目录、看内容。

老师：这些书的封面、封底，内容的插图、排版大家有没有仔细观察过呢？

学生：顺眼的、好看的就多看看。

老师：大家所谓顺眼的、好看的，其实就是书的设计、编排好，每一本书都会被设计、编排，如果设计编排得美观就会给人深刻印象，使人过目不忘，下面我们就来学习如何给封面及内页设计。

书籍装帧设计概述

1. 书籍装帧设计的定义

书籍装帧设计是集书籍的版式、纸张材料、印刷、装订及封面设计于一体的一种视觉传达活动，它拥有着自己的特殊表现力，甚至其中的文字形态、大小都对整个设计产生了举足轻重的影响。书籍的装帧设计意在强调书籍是一个整体构成，它通过图形、文字、色彩等视觉符号的形式传达出设计者的思想、气质和精神，内外呼应，内容与形式珠联璧合，是充满情感的生命体。一本优秀的书从内容到装帧设计都是高度和谐统一的，是艺术与技术完美的结合体。它不但能使读者获得知识，而且能给读者带来美的精神享受。

2. 书籍装帧设计的主要内容

书籍装帧设计的主要内容如图 4-1 所示。

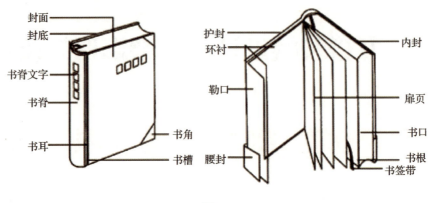

图 4-1

3. 书籍的开本

（1）开本。开本是指一本书幅面的大小。一张全张的印刷用纸开切成幅面相等的若干张，这个张数为开本数。开本的绝对值越大，开本实际尺寸越小。如 16 开本即全张纸开切成 16 张大小的开本，以此类推。

（2）纸张开切的方法。

①几何级数开法。几何级数开法是最常用的纸张开法。它的每种开法都以 2 为几何级数，开法合理、规范，适用于各种类型的印刷机、装订机、折页机，工艺上有很强的适应性。

②非几何级数开法。该开法中的每次开法不是上一次开法的几何级数，工艺上只能用全张纸印刷机印制，在折页和装订上有一定局限性。

③特殊开法。该开法又称畸形开本，用纵横混合交叉的开法，按印刷物的不同需要进行开切、组合。

普通印纸分为正度纸和大度纸两个尺寸。正度纸张全开尺寸为 787mm×1 092mm，大度纸张全开尺寸为 889mm×1 194mm。这里以正度纸张的开本为例，开本的具体尺寸如图 4-2 所示。

开本的不同尺寸变动丰富了书籍的开本形式，适应了各种书籍的不同需求。书籍开本的设计要根据书籍的不同类型、内容、性质来确定。不同的开本便会使人产生不同的审美情趣，不少书籍因为开本选择得当，使形态上的创新与该书的内容相得益彰，因而受到读者的欢迎。

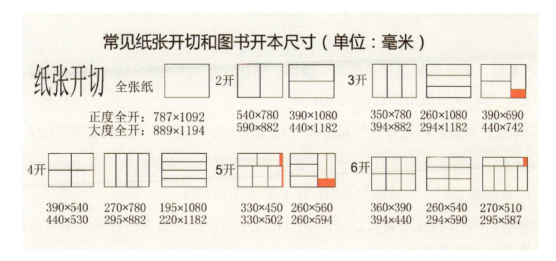

图 4-2

4．书籍整体设计

整体设计是对书籍外部装帧和内文版式的全面统一设计。它是在整体的艺术观念指导下对组成书籍的所有形象元素进行完整、协调统一的设计。

文字、图形、色彩、材料是书籍设计的四个要素。

书籍设计的全部内涵与内容有书籍造型设计、封面设计、护封设计、环衬设计、扉页设计、插图设计、开本设计、版式设计，以及相关的纸张材料的应用、印装方法的确定。

优秀的整体设计是设计者配合作者、文字编辑，将原著思想、艺术风格、民族特色、时代精神，以及读者情趣有机融合起来的设计。要保证整体设计优秀，就要处理好文字、图形、色彩、材料四个要素。

整体设计是书籍设计的灵魂，只有当书籍设计有一个总的布局构想时，才能使书籍的各种构成要素和谐统一，共存于书籍这个统一体中。

一本书的设计方案要从全书的整体出发，使每个局部既具有个性、富于变化，又和谐统一、完整有序，给人以节奏感与韵律感，设计者要统揽全局，在形式构成、图形设计、色彩设计上处理好精简、大小、疏密、虚实及间隔等关系。

5．书籍设计的原则

（1）思想性。设计思想的最佳体现就是书籍设计的内容。

（2）整体性。整体性原则包括两个方面：广义上指书籍装帧设计从书籍的性质、内容出发，将书籍的内容与形式作为一个整体设计；狭义上指从整体观念考虑每一个环节的设计，装饰性符号、页码、序号等也不例外。

（3）独特性。每本书都有它与其他书不同的个性。

（4）时代性及实验性。设计者应了解和把握制作书籍的工艺流程，了解新技术、新材料、新工艺。

（5）艺术性。书籍装帧设计是绘画、摄影、书法、篆刻等艺术门类的综合产物，它通过文字、图形、色彩来体现书籍设计的本体美。

（6）隐喻性。书籍装帧设计主要通过象征性图示、符号、色彩等来暗喻原著的人文气息。

（7）本土性。书籍装帧形态设计非常强调民族性和传统特色，但绝不是简单的搬弄传统，而是创造性地再现它们，如书法的运用，汉字笔画的运用等。

（8）趣味性。趣味性指书籍形态整体结构和秩序美中表现出来的艺术气质及品格。具有趣味的书籍设计更能吸引读者。

6．书籍的封面设计

封面设计由书名、构图和色彩关系等诸多元素构成。书名在封面设计中的作用最重要，应作为第一个元素来考虑，其他部分设计的用色和构图都应服从书名。

封面的文字内容主要是书名（包括丛书名、副书名）、作者名和出版社名。设计者在设计过程中为了丰富画面，可加上汉语拼音、外文书名或适量的广告语。

书籍封面设计是读者对书籍好不好的一个初步判断依据，封面设计的文字阅读与正文有很大的不同，它是一个既短暂而又复杂的阅读过程。

7．书籍封面的构思设计与方法

（1）想象。想象是构思的基点，想象以造型的知觉为中心，能产生明确的、有意味的形象。我们所说的灵感，也就是知识与想象的积累和结晶，它是设计构思的源泉。

（2）舍弃。构思的过程往往"叠加容易，舍弃难"，设计者在构思时往往想得很多，堆砌得很多，对多余的细节爱不忍弃。张光宇先生说"多做减法，少做加法"，就是真切的经验之谈。设计者在设计时对不重要的、可有可无的形象与细节要尽量舍弃。

（3）象征。象征性的手法是艺术表现最得力的语言，设计者可以用具象的形象来表达抽象的概念或意境，也可用抽象的形象来比喻表达具体的事物，它们都能被人们所接受。

（4）探索创新。设计书籍封面的时候要尽可能避开流行的形式、常用的手法、俗套的语言；熟悉的构思方法，常见的构图，习惯性的技巧，都是创新构思表现的大敌。构思要新颖，就必须不落俗套，标新立异，要有创新的构思就必须有孜孜不倦的探索精神。

8．图形与文字编排的基本形式

版式设计中，图形与文字之间的布局形式主要有以下几种。

（1）上下分割。平面设计中较为常见的形式是将版面分成上下两个部分，其中一部分配置图片，另一部分配置文案。

（2）左右分割。左右布局易使人产生崇高肃穆之感。由于视觉上的原因，图片宜配置在左侧，右侧配置小图片或文案，如果两侧明暗上对比强烈，效果会更加明显。

（3）线形编排。线形编排的特征是多个编排元素在空间中被安排为一个线状的序列。线不一定是直的，可以扭转或弯曲，元素通过距离和大小的重复互相联系。这种版式会将人的视线引向中心点，这种构图具有极强的动感。

（4）重复编排。重复编排有以下三种形式。

①大小的重复：外形不变，大小比例发生变化，构成重复。

②方向的重复：外形不变，在一个平面上形的方向发生变化，构成重复。

③网格单元的重复：网格单元相等，位于单元内的形由不同的编排元素组成，构成重复。

（5）以中心为重点的编排。中心编排是一种稳定、集中、平衡的编排。作为中心的主要形通常设计成一个吸引人的形状，人的视线往往会集中在中心部位，需重点突出的图片或标题字配置在中心，起到强调的作用。

（6）散点式编排。版式采用多种图形、字体，使画面富于活力、充满情趣。散点组合编排时，应注意图片的大小、主次的配置，还要考虑疏密、均衡、视觉引导线等，尽量做到散而不乱。

此项目是笔者为《吉林教育》杂志做的四封及内页设计。本案例主要介绍利用CorelDRAW X7 软件设计制作其中一本杂志的封面（正页）、封底（背面）的展开图，最终效果如图 4-3 和图 4-4 所示。

设计理念：封面设计紧紧围绕现代教育展开，笔者从赫尔巴特、杜威的理论体系中认识了现代教育，详细阅读了《现代教育学刊》杂志的办刊思路与主体栏目设置，结合吉林教育特色深挖了长白山天池元素并用 JILIN EDUCATION JOURNAL OF MODERNEDUCATION（吉林教育现代教育学刊）构成国际视野英文组合，体现了现代感与国际范，天池又由两个肺的造型意向构成，呼吸之间传递现代教育理念，整体图形远观像花瓶内含一汪池水，表达现代教育学刊要办出一定水平，更像酒瓶，意为每一期学刊都像佳酿一样与读者共品，而两个肺叶远观也恰似汉字左右两点，代表办好刊物要从一点一滴做起，整体色调以高级灰作为背景呈现了中国传统文化的中庸之道，杂志名运用在国际获得大奖的著名设计师——吉林省教育学院李砚辉教授的篆字书法来呈现现代教育的多元化，其中一个"教"字是从楷书大家颜真卿的颜体中提炼出来的，把颜真卿的用笔精神与魏碑和楷书笔法巧妙结合表达了现代教育的坚守与传承。

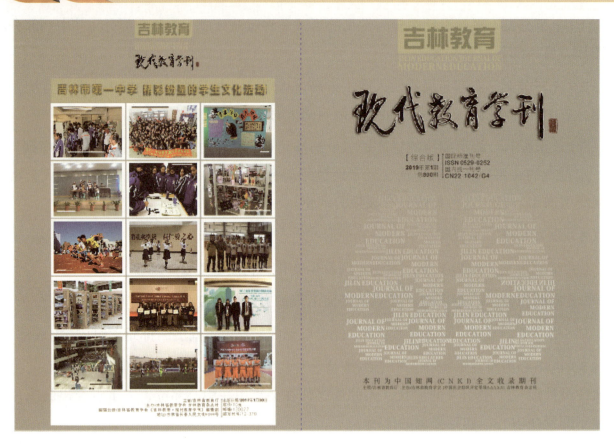

图 4-3

图 4-4

《吉林教育》四封设计

任务一：封面的设计与制作

STEP01 打开 CorelDRAW X7 软件，单击菜单栏中的【文件】→【新建】选项，新建一个空白文件，设定纸张大小为印刷尺寸，如图 4-5 所示。

相关说明　　　本案例的《吉林教育》是自定义纸张，从图 4-2 可查，净尺寸是 420mm×285mm。本案例是制作杂志四封的展开图，包括封面和封底。在净尺寸基础上，上下左右各加 3mm 出血，则印刷尺寸为 426mm×291mm，这正是本案例要新建的页面尺寸。

图 4-5

STEP02 双击工具箱中的【矩形】图标□，直接绘出与页面尺寸大小相同的矩形并填充高级灰，设置参数 CMYK 为 0、0、0、60，效果如图 4-6 和图 4-7 所示。

图 4-6　　　　　　　　　　　　　　　　　图 4-7

STEP03 单击工具箱中的【矩形】图标□，在封面（右侧矩形）上部绘制一个小矩形。在属性栏中，设置 X、Y 坐标点，【对象大小】如图 4-8 所示，填充颜色，设置参数 CMYK 为 0、0、0、60，轮廓色设置为"无"，如图 4-9 所示。

图 4-8　　　　　　　　　　　　　　　　　图 4-9

STEP04 单击工具箱中的【挑选】图标▯，按住【Shift】键，加选页面右侧的封面，单击属性栏上的【对齐】图标▯，在弹出的对话框中设置参数如图 4-10 所示，对齐后的效果如图 4-11 所示。

图 4-10

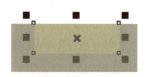

图 4-11

● STEP05 单击【形状】图标，或者使用快捷键【F10】，选择矩形，注意这次的对象效果与选择工具不同了，如图 4-12 所示，双击黑色的节点移动，效果如图 4-13 所示，但我们要的效果是右下角是个圆角矩，所以我们只要双击右下角的节点并向上或向左移动，效果如图 4-14、图 4-15、图 4-16 所示。

图 4-12

图 4-13

图 4-14   图 4-15   图 4-16

● STEP06 单击工具箱中的【文本】图标 字，在蓝色矩形上单击，在属性栏中设置【字体】及【字体大小】如图 4-17 所示，输入"吉林教育"，填充白色，设置参数 CMYK 为 0、0、0、60，轮廓色设置为"无"，并调整好位置，如图 4-18 所示。

● STEP07 单击工具箱中的【文本】图标 字，在矩形下方单击，在属性栏中设置【字体】及【字体大小】，输入"JILIN EDUCATION OF JOURNAL MODERN EDUCATION"，填充黑色，设置参数 CMYK 为 0、0、20、60，轮廓色设置为"无"，效果如图 4-19 所示。

图 4-17   图 4-18   图 4-19

● STEP08 切换到文件菜单下，选择导入，将"现代教育学刊"题字的文件，及"学刊"篆字的图片导入进来，放到合适的位置，效果如图 4-20 所示。

● STEP09 重复操作步骤 STEP06～STEP07 的做法，录入相应的文字，效果如图 4-21 所示。

图 4-20

图 4-21

●STEP10 单击工具箱中的【文本】图标 字 ，输入"JILIN EDUCATION OF JOURNAL MODERN EDUCATION"，填色为土橄榄色，设置参数 CMYK 为 0、0、15、45，这里我们要将所有的文字排列成类似一个"肺"的形状，然后文字转为曲线，做一个交互式填充，使用渐变填充的效果，并调整好位置，如图 4-22 和图 4-23 所示。

图 4-22

图 4-23

【综合版】
2019年第1期
总800期
国际标准刊号
ISSN 0529-0252
国内统一刊号
CN22-1042/G4
本刊为中国知网（CNKI）全文收录期刊
主管/吉林省教育厅 主办/吉林省教育学会（中国社会组织评定等级AAAAA）吉林教育杂志社

操作提示 交互式填充，"当前"后面显示的颜色是与其下面的小方块（黑色）或小三角（蓝色）所指的颜色相对应的。如果想更改颜色，单击该对话框右侧调色盘下方的"其他"即可选择所需的颜色。

STEP11 "本刊为中国知网（CNKI）全文收录期刊"等文字，同前面使用文字的方法一致，放到合适的位置即可，效果如图 4-23 所示，这样我们制作的封面一就制作完成了。

任务二：封四的设计与制作

STEP01 以下只对新的知识点进行详细的讲解，在工具栏中选择工具，画出一矩形，填充好颜色，然后使用文字工具录入文字，这里大家会发现文字后面是有阴影的，在 Ps（Photoshop）中我们可以直接给文字添加阴影效果，将文件另存为 PNG 格式，然后导入封四中，放到合适的位置即可。在 CorelDRAW X7 中调整好文字的位置，选中文字对象，复制一次，使用【位图】菜单下的模糊，高斯式模糊，效果如图 4-24 所示。

吉林市第一中学 精彩纷呈的学生文化活动

图 4-24

STEP02 单击菜单栏中的表格菜单，选择创建新表格，如图 4-25 和图 4-26 所示。

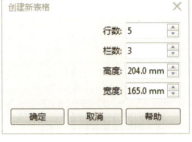

图 4-25　　　　　　　　　　　　　　　　图 4-26

STEP03 将表格背景色填充为白色，效果如图 4-27 所示，然后将边框设置为"无"，设置对话框与完成效果如图 4-28 和图 4-29 所示。

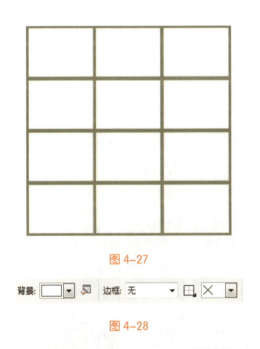

图 4-27

背景：　　　　　　边框：无　　　　　

图 4-28　　　　　　　　　　　　　　　　图 4-29

STEP04 按照封四效果图，将学校的图片依次导入相应位置，然后录入相应的文字进行排版，效果如图 4-30 所示。

STEP05 单击文件菜单中的【导入】图标 ，导入素材中的条形码，将其放入相应的位置，效果如图 4-31 所示。

图 4-30

ISSN 052902522

44>

9 770529 025006

图 4-31

相关说明　　封底左下角空白处为本书的条形码位置，条形码由出版社提供，不是设计师自己随意设计的。

STEP06　至此，封四的部分完成，效果如图 4-32 和图 4-33 所示。

图 4-32

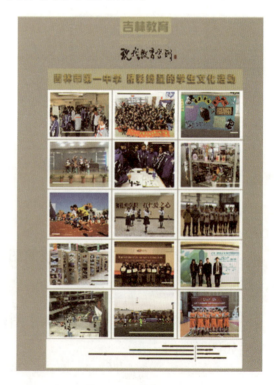

图 4-33

封二、封三、目录和内页与封四的制作方法一样（步骤省略），效果如图4-34、图4-35、图4-36所示。

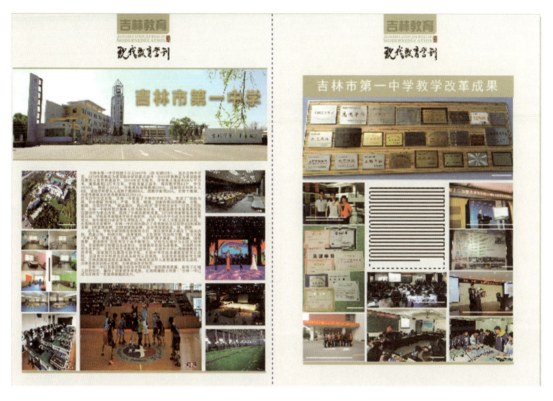

图4-34

图4-35

图 4-36

图 4-37 至图 4-48 为各种相关设计

图 4-37

图 4-38

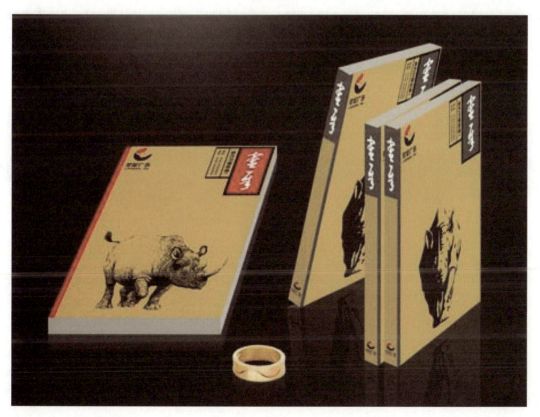

图 4-39

图 4-40

图 4-41

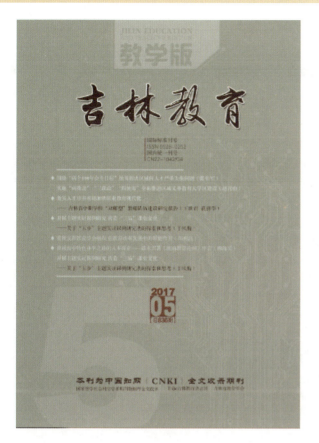

图 4-42

图 4-43

图 4-44

图 4-45

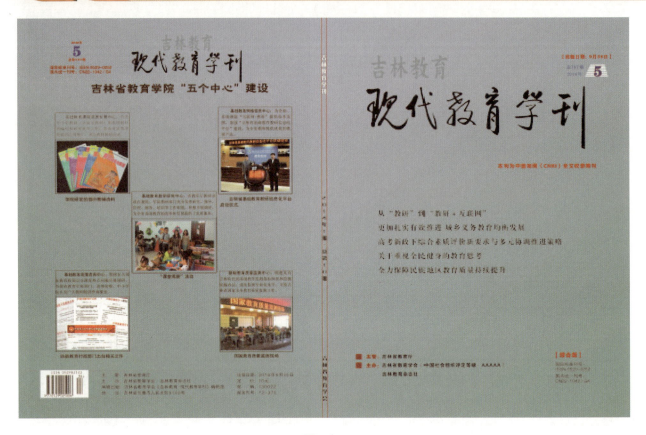

图 4-46

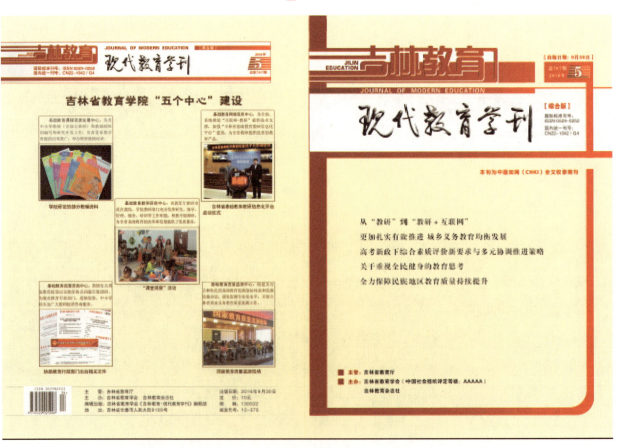

图 4-47

图 4-48

课后实训

为教材《三大构成》一书设计封面、书脊，以及封底。

要求：

（1）正度 16 开（含出血）；

（2）封面的设计与教材的内容和谐统一；

（3）图形、文字、色彩等视觉符号的形式能传达出设计者的思想、气质和精神，强调设计意识，风格要新颖。

（4）附带 100 字的文字说明（想法、设计思路）。

5

Wedding

at shangri-la

WEDDING AT SHANGRI-LA

至情婚宴包价

如阁下选择任何一个我社的团宴上午或晚宴酒
席的团席午餐，举办您的婚宴达十席以上，
更有下列额外优惠。

免收15%服务费
免收自助酒水开瓶费

时间：上午10：30之前举行
或15：00后举行。

Wedding Blend Unlimited Leftout 10:30 am. cd
size from 11:25 hrs. receive a 15% discount
and complimentary corkage tax

人民币**688**元净价 RMB 688 net

人民币**788**元净价 RMB 788 net

人民币**888**元净价 RMB 888 net

Wedding

永结同心宴	Watercolori Wedding
	RMB 718 每席
百年好合宴	Lotus Wedding
	RMB 888 每席
珠联璧合宴	Lily Wedding
	RMB 1068 每席
花好月圆宴	Tulip Wedding
	RMB 1288 每席
佳偶天成宴	Orchid Wedding
	RMB 1688 每席
龙凤呈祥宴	Rose Wedding
	RMB 2688 每席

囍 宴

WEDDING

Imagine being able to present
your relatives and friends
with the most joyous
and sumptuous wedding...

案例五

平面广告设计——酒店婚宴宣传卡设计

● 任务引入

老师：同学们，你们经常看广告吗？

学生：是啊，总看到，电视广告，网络广告，传单广告，太多了。

老师：你们有没有仔细看过这些广告？有没有仔细考虑过一则广告的设计呢？

学生：有需求的就仔细看一看，考虑考虑。

老师：好，下面我们就系统地学习一下平面广告的知识，以及平面广告的设计与制作。

平面广告设计概述

1. 什么是广告设计

广告设计是人类现代生活中必不可少的一部分，对于信息传递起到了非常重要的作用。广告设计是一个研究人们心理、内容表达形式、版面构成原理，并实施的系统工程。也就是说，广告通过一些平面设计语言可以准确地表达主题，并借助各种介质进行表现。从另一个角度讲，广告设计又是一种创造媒介的手段，是在主述内容和受众之间搭建起的一座桥梁。通过广告人们能够及时了解一些商品信息，从而利用这些信息挑选商品。

2．广告的种类

从整体上看，广告一般分为平面广告、影视广告、动画广告、媒体广告等。

平面广告一般是指招贴广告、POP 广告、报纸广告、杂志广告、邮政广告（DM）、灯箱广告等。从空间概念来看，平面广告泛指现有的以长、宽二维形态传达视觉信息的各种广告媒体的广告；从制作方式来看，平面广告可分为印刷类、非印刷类和光电类三种形态；从使用场所来看，平面广告又可分为户外、户内及可携带式三种形态。从设计的角度来看，它包含着文案、图形、线条、色彩、编排诸要素。平面广告因为传达信息简洁明了，能瞬间扣住人心，从而成为广告的主要表现手段之一。

3．平面广告设计的要求

（1）设计是有目的的策划，平面设计是利用视觉元素（文字、图形、色彩等）来传播广告项目的设想和计划，并通过视觉元素向目标客户表达广告主的诉求点。

（2）平面设计的好坏除了灵感之外，更重要的是是否可以准确地将诉求点表达出来，是否符合商业的需要。

（3）平面广告设计在创作上要求表现手段浓缩化和具有象征性，一幅优秀的平面广告设计要具有充满时代意识的新奇感，并具有设计上独特的表现手法和感情。

（4）现代广告设计的任务是根据企业营销目标和广告战略的要求，通过引人入胜的艺术表现手法，清晰准确地传递商品或服务的信息，树立有助于销售的品牌形象与企业形象。

4．平面广告的构成要素

一则广告由若干要素构成，这些要素的作用是向受众准确地传递信息。广告要素包括标题、说明文、图片等，如图 5-1 所示。

（1）内容要素。

①标题。标题是广告文案的一部分，有主标题和副标题之分。主标题是广告的主题，要意义明确，用词简练，必须置于版面最醒目的位置。副标题具有提示性，是主标题的说明或延伸，起到强化和扩展主题的作用。设计时，标题应与版面其他要素相呼应，构成一个具有点、线、面设计特点的艺术整体。

②说明文。说明文是广告中比较细致的部分，是广告文案的叙述性文本，应当使用简洁、明了的语言，而且内容表达要真实、可靠、不浮夸，并要具有感召力。

③公司相关信息。有关公司的信息包括公司名、联系电话、通信地址、网址、电子邮件等。公司信息要求准确、简明扼要。这些信息的版面布局要服从版面的整体效果，常置于

版面下方或底部。

④色彩。色彩是视觉表述的媒介，广告能通过色彩吸引人们的关注，并使人记忆深刻。色彩可以通过版面上的图片、文字等要素表现出来。色彩设计要遵循配色规律，并应与广告主题相符。例如，冬天采用暖色系，夏天采用冷色系，以此来缓解季候对人们的生理和心理影响；大型产品或主题多采用对比鲜明的色彩，而柔和对比的色彩则常用于小件商品、首饰、灯饰、化妆品等物品的广告中。

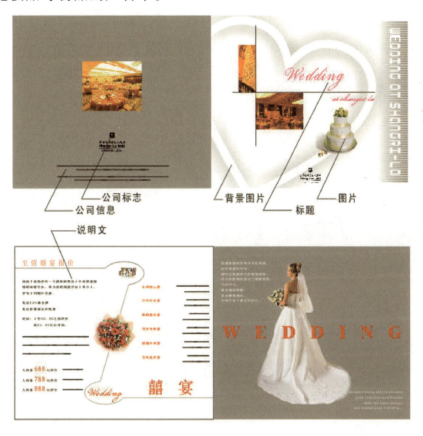

图 5-1

（2）造型要素。

①版面构成形式。版面的整体结构和布局是广告彰显个性和捕捉人们视线的基础。其在设计时常采用统一的结构布局和线条轮廓，以构成个性化且具有一致性的风格。

②商标、标志。商标、标志在广告版面中有装饰版面及利用点构图特性成为版面视觉焦点的重要作用。其中后者往往是最重要的。

③图形、图片。图形、图片的表现形式包括绘画、照片、装饰纹样、美术字等。

图形、图片是最直接的造型要素，直观、自然、易于理解。在设计中，这些要素要与主题保持密不可分的关联，并融入主题中，从而引导读者从看、读开始，直到产生印象和记忆的自然过程。此外，图形、图片亦可用于版面的背景。

在当今社会，平面广告设计占有越来越重要的位置，也是人们从事平面设计工作必须要学习的一门课程，其不论在表现形式上还是在表现内容上都十分宽泛。平面广告的表现形式可以多种多样，不像绘画那样受某种介质的限制。绘画的、摄影的、拼贴的，各种形式都可以为我所用；写实的、写意的、抽象的，各种手段都可以取其所长。广告设计是一种时尚艺术，其作品要能体现时代的潮流，设计者应该保持着职业的敏感，在不同的艺术形式中吸取营养，创作出既符合大众审美又符合时代潮流的作品。

此项目是笔者为某饭店设计的一款"酒店婚宴宣传广告卡"，主要介绍利用 CorelDRAW X7 软件设计制作本案例的方法和步骤。广告的内外页效果如图 5-2 所示。

图 5-2

婚宴宣传卡的设计与制作过程

任务一：广告封面、封底的设计与制作

●STEP01 打开 CorelDRAW X7 软件，单击菜单栏中的【文件】→【新建】选项，新建一个空白文件，设定纸张大小如图 5-3 所示。

图 5-3

○STEP02 双击工具箱中的【矩形】图标□，直接绘出与页面尺寸大小相同的矩形，效果如图 5-4 所示。

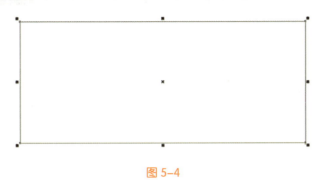

图 5-4

○STEP03 单击菜单栏中的【窗口】→【泊坞窗】→【变换】→【大小】选项，或者使用快捷键【Alt】+【F10】，参数设置如图 5-5 所示，单击【应用】按钮，缩短并复制图中矩形。

○STEP04 再次单击菜单栏中的【窗口】→【泊坞窗】→【变换】→【大小】选项，或者使用快捷键【Alt】+【F10】，参数设置如图 5-6 所示，单击【应用】按钮，缩短图中最长的矩形。矩形尺寸两次缩短的操作完成效果如图 5-7 所示。

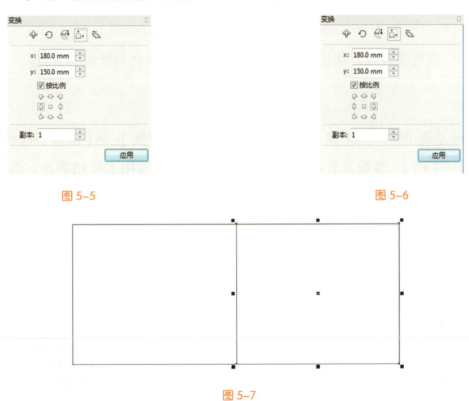

图 5-5　　　　　　　　　　　　　　　　图 5-6

图 5-7

○STEP05 单击工具箱中的【矩形】图标□，绘制一个矩形。在属性栏中设置【对象大小】如图 5-8 所示，填充颜色，设置参数 CMYK 为 0、0、0、40，轮廓色设置为"无"，效果如图 5-9 所示。

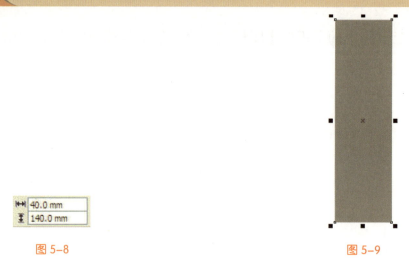

| 图 5-8 | 图 5-9 |

STEP06 单击工具箱中的【手绘】图标 ，配合【Ctrl】键绘制一条水平线。在属性栏中设置【对象大小】及【轮廓宽度】如图 5-10 和图 5-11 所示，填充轮廓色为白色，设置参数 CMYK 为 0、0、0、0，效果如图 5-12 所示。

| 图 5-10 | 图 5-11 |

绘制直线时，按住【Ctrl】键，可以以 15°角的倍数绘制直线。

STEP07 单击菜单栏中的【窗口】→【泊坞窗】→【变换】→【位置】选项，或者使用快捷键【Alt】+【F7】，参数设置如图 5-13 所示，单击【应用】按钮数次，效果如图 5-14 所示。

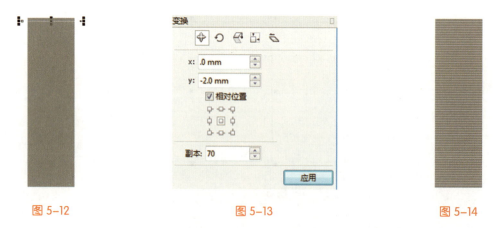

| 图 5-12 | 图 5-13 | 图 5-14 |

STEP08 单击工具箱中的【挑选】图标 ，框选所有白色水平线（框选的时候不要把灰色矩形选在内），在属性栏中单击【群组】图标 ，或者使用快捷键【Ctrl】+【G】，将所有

白色水平线组成一个整体。

STEP09　单击菜单栏中的【效果】→【图框精确剪裁】→【放置在容器中】选项，当鼠标指针变成➡，单击白线下面的灰色矩形，使所有白色水平线移到灰色矩形内部，效果如图 5-15 所示。

STEP10　单击工具箱中的【透明度】图标，从灰色矩形的右侧边缘按住鼠标左键，将拖动至左侧边缘，释放鼠标，效果如图 5-16 所示。

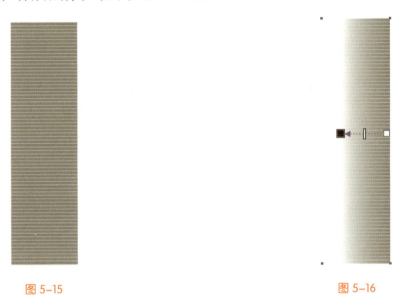

图 5-15　　　　　　　　　　　　　　图 5-16

STEP11　单击工具箱中的【挑选】图标，在灰色矩形被选中的状态下，按住【Shift】键，加选页面中最右侧的大矩形，在属性栏中，单击【对齐与分布】图标，弹出的对话框设置如图 5-17 所示，对齐后的效果如图 5-18 所示。

图 5-17

图 5-18

STEP12　单击工具箱中的【基本形状】图标，在属性栏中单击【完美形状】图标，在下拉工具中选择如图 5-19 所示的心形，在绘图窗口中绘制一个大心形。在属性栏中设置【轮廓宽度】如图 5-20 所示，将心形旋转一定角度，并调整好位置，效果如图 5-21 所示。

图 5-19   图 5-20

图 5-21

●STEP13 单击工具箱中的【交互式阴影】图标 ，在心形中间位置，按住鼠标左键拖动出黑、白2个小方框，并使黑、白方框重合，释放鼠标，产生的阴影效果如图 5-22 所示。

图 5-22

●STEP14 在属性栏中的设置如图 5-23 所示，其中阴影颜色参数 CMYK 为 0、0、0、40，效果如图 5-24 所示。

图 5-23

图 5-24

● STEP15 单击工具箱中的【挑选】图标 ，单击心形，填充轮廓色为白色，设置参数 CMYK 为 0、0、0、0，效果如图 5-25 所示。

图 5-25

● STEP16 选中心形及其阴影，单击菜单栏中的【对象】→【图框精确剪裁】→【置于图文框内部】选项，当鼠标指针变成 ➡，单击页面右侧的大矩形，使心形及其阴影内置到大矩形内部，效果如图 5-26 所示。

● STEP17 在大矩形上右击，在弹出的下拉菜单中，选择【图框精确剪裁】，如图 5-27 所示。

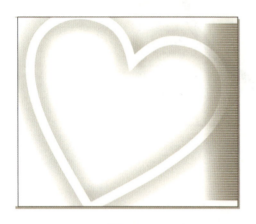

图 5-26   图 5-27

STEP18 调整好心形的位置后右击，在弹出的下拉菜单中选择【置于图文框内部】，如图 5-28 所示，效果如图 5-29 所示。

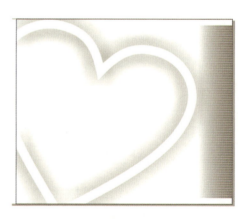

图 5-28   图 5-29

STEP19 单击工具箱中的【手绘】图标 ，配合【Ctrl】键，绘制一条黑色水平线。在属性栏中设置【对象大小】及【轮廓宽度】如图 5-30 和图 5-31 所示。用同样的方法绘制一条黑色垂直线，在属性栏中，设置【对象大小】如图 5-32 所示，而【轮廓宽度】设置同上，效果如图 5-33 所示。

图 5-30   图 5-31   图 5-32

图 5-33

●STEP20　单击标准工具栏中的【导入】图标 📇，导入酒店内景、无背景的蛋糕、对戒、饭店标志的图片，调整好图片的大小及位置，效果如图 5-34 所示。

图 5-34

●STEP21　单击工具箱中的【文本】图标 字，在黑色水平线上方单击，在属性栏中设置【字体】及【字体大小】如图 5-35 所示，输入"Wedding"，填充洋红色，设置参数 CMYK 为 0、100、0、0；在黑色水平线下方单击，在属性栏中设置【字体】及【字体大小】如图 5-36 所示，输入"at shangri-la"，填充洋红色，设置参数 CMYK 为 0、100、0、0，调整好文字的位置，效果如图 5-37 所示。

图 5-35　　　　　　　　　　　　　　　　　　　　　　　　图 5-36

71

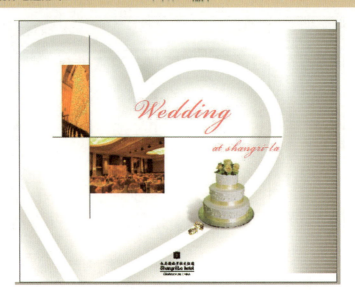

图 5-37

●STEP22 单击工具箱中的【文本】图标 字，在窗口中的合适位置单击，在属性栏中设置【字体】及【字体大小】如图 5-38 所示，输入 "WEDDING AT SHANGRI-LA"，填充白色，设置参数 CMYK 为 0、0、0、0，轮廓色设置为 "无"。将文字旋转如图 5-39 所示的角度，调整好文字的位置，效果如图 5-40 所示。

Tt Phutura	50 pt		↻ 270.0 °

图 5-38　　　　　　　　　　　　　　　　　　　图 5-39

图 5-40

以上是 "酒店婚宴宣传广告卡" 的封面设计及制作，下面继续设计制作它的封底。

●STEP23 单击工具箱中的【挑选】图标 ↖，单击页面中左侧的大矩形，填充颜色，设置参数 CMYK 为 0、0、0、40，轮廓色设置为"无"，效果如图 5-41 所示。

图 5-41

●STEP24 单击标准工具栏中的【导入】图标，导入酒店内景、饭店标志的图片，调整好图片的大小及位置，效果如图 5-42 所示。

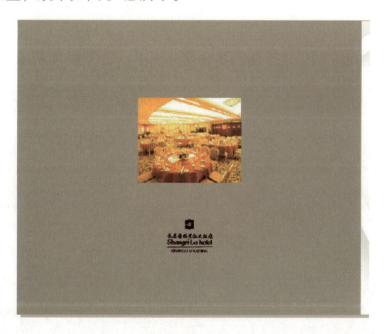

图 5-42

●STEP25 单击工具箱中的【文本】图标，在标志下方单击，在属性栏中设置【字体】及【字体大小】如图 5-43 所示，输入地址、邮编、电话、网址等信息，填充黑色，设置参数 CMYK 为 0、0、0、100，文字换行直接按【Enter】键。在属性栏中单击【居中】图标，使 4 行文字居中对齐，并调整好文字的位置，效果如图 5-44 所示。

华文中宋　　　6 pt

图 5-43

图 5-44

STEP26　参考 STEP25 的做法，输入英文部分文字，如图 5-45 所示。

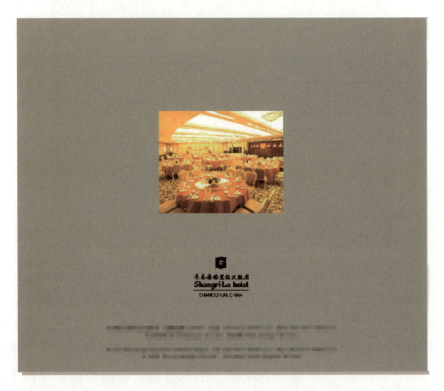

图 5-45

● STEP27　单击工具箱中的【挑选】图标 ，单击封底上的图片，按住【Shift】键，加选封底上的标志、文字，最后加选浅灰色封底，在属性栏中单击【对齐与分布】图标 ，弹出的对话框设置如图 5-46 所示，对齐后的效果如图 5-47 所示。

图 5-46

图 5-47

以上是"酒店婚宴宣传广告卡"封面、封底的设计及制作过程，完成效果如图 5-48 所示。

图 5-48

任务二：广告内页的设计与制作

● STEP01　单击菜单栏中的【布局】→【插入页】选项，添加一个新页面，弹出的对话框设置如图 5-49 所示。

图 5-49

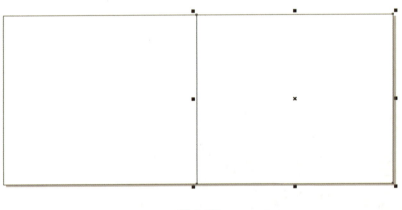

操作提示

添加新页面的另一种方法：

在窗口底部的【文档导航器】中，单击右侧的【+】按钮，即可在已有页面的后面添加新页，如果单击左侧的【+】按钮即可在已有页面的前面添加新页。

STEP02 重复本案例任务一中的步骤 STEP 02、STEP 03、STEP 04，效果如图 5-50 所示。

图 5-50

STEP03 单击页面中右侧的大矩形，填充颜色，设置参数 CMYK 为 0、0、0、40，轮廓色设置为"无"，效果如图 5-51 所示。

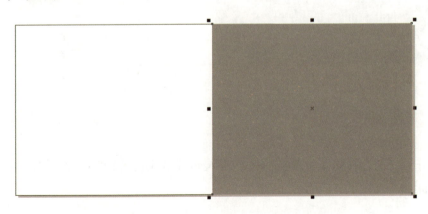

图 5-51

● STEP04　单击标准工具栏中的【导入】图标 📷，导入无背景的新娘图片，调整好图片的大小及位置，效果如图 5-52 所示。

图 5-52

● STEP05　单击工具箱中的【文本】图标 字，在窗口中的合适位置单击，在属性栏中设置【字体】及【字体大小】如图 5-53 所示，输入文字，文字换行直接按【Enter】键。在属性栏中单击【左对齐】图标 📄，使 8 行文字左对齐，单击【形状】图标 📄，调整字间距和字行距，填充白色，设置参数 CMYK 为 0、0、0、0，效果如图 5-54 所示。

图 5-53　　　　　　　　　　　　　　　　　　　　　　　　图 5-54

●STEP06 参照 STEP05 的方法，输入英文，在属性栏中单击【右对齐】图标，使 4 行文字右对齐，单击【形状】图标，调整字间距和字行距，填充白色，设置参数 CMYK 为 0、0、0、0，效果如图 5-55 所示。

图 5-55

●STEP07 单击工具箱中的【文本】图标，在窗口中的适当位置单击，在属性栏中设置【字体】及【字体大小】如图 5-56 所示，输入英文，调整好文字的位置和字间距，填充红色，设置参数 CMYK 为 0、100、100、10，轮廓色设置为"无"，效果如图 5-57 所示。

TT Dutch801 XBd BT   45 pt

图 5-56   图 5-57

●STEP08 单击工具箱中的【椭圆形】图标，在页面中绘制一椭圆形，在属性栏中设置【对象大小】及【轮廓宽度】如图 5-58 和图 5-59 所示。

| ↔ | 37.0 mm |
| ↕ | 20.0 mm |

图 5-58

| ◊ | 0.5 mm | ∨ |

图 5-59

●STEP09　单击属性栏中的【弧形】图标 ◌，将椭圆形修改成弧形，如图 5-60 所示。

●STEP10　单击工具箱中的【形状】图标，在弧形的任意一个节点上按住鼠标左键拖动，调节后的效果如图 5-61 所示，并填充轮廓色，设置参数 CMYK 为 0、0、0、40。

图 5-60

图 5-61

●STEP11　单击菜单栏中的【视图】→【贴齐对象】选项，或者使用快捷键【Alt】+【Z】。单击工具箱中的【手绘】图标，在弧形的左侧节点处单击设置线的起始点，按住【Ctrl】键，鼠标移动到页面左侧边缘（自动捕捉边缘），再次单击设置线的终点，绘制一条水平线。在属性栏中，设置【对象大小】及【轮廓宽度】如图 5-62 和图 5-63 所示，填充轮廓色，设置参数 CMYK 为 0、0、0、40，效果如图 5-64 所示。

| ↔ | 82.0 mm |
| ↕ | 0.0 mm |

图 5-62

| ◊ | 0.5 mm | ∨ |

图 5-63

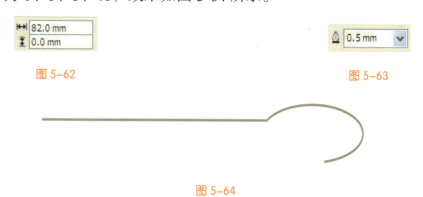

图 5-64

●STEP12　按住鼠标左键框选水平线和弧线，单击属性栏中的【合并】图标，将两个对象合并成一个对象。

●STEP13　单击菜单栏中的【窗口】→【泊坞窗】→【变换】→【缩放和镜像】选项，并使用快捷键【Alt】+【F9】，参数设置如图 5-65 所示，单击【应用】按钮，调整好位置，完成效果如图 5-66 所示。

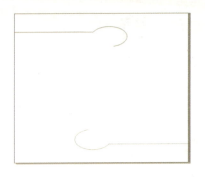

图 5-65   图 5-66

STEP14 单击工具箱中的【手绘】图标 ，在两个弧形的节点之间连接一条直线，轮廓宽度与前面绘制的水平线的宽度相同，填充轮廓色，设置参数 CMYK 为 0、0、0、40，效果如图 5-67 所示。

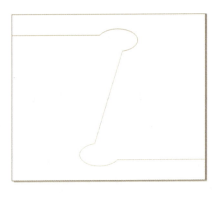

图 5-67

STEP15 单击标准工具栏中的【导入】图标 ，导入无背景的鲜花、对戒图片，调整好图片的大小及位置，效果如图 5-68 所示。

STEP16 使用快捷键【Ctrl】+【C】复制封面的英文，使用快捷键【Ctrl】+【V】将其粘贴到下面的弧形内，调整好大小及位置，填充红色，设置参数 CMYK 为 0、100、100、10，效果如图 5-69 所示。

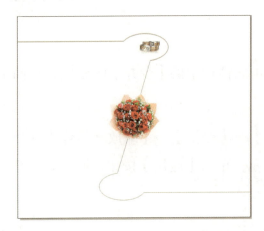

图 5-68   图 5-69

●STEP17 单击工具箱中的【文本】图标 字，在窗口中的合适位置单击，在属性栏中设置【字体】及【字体大小】如图 5-70 所示，输入文字，调整好文字的位置和字间距，填充红色，设置参数 CMYK 为 0、100、100、10，效果如图 5-71 所示。

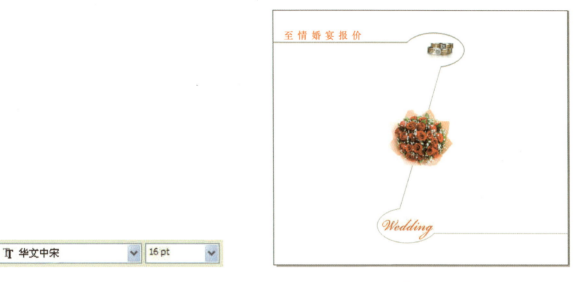

图 5-70　　　　　　　　　　　　　　　　图 5-71

●STEP18 单击工具箱中的【文本】图标 字，在窗口中的合适位置单击，在属性栏中设置【字体】及【字体大小】如图 5-72 所示，输入文字，调整好文字的位置和字间距，填充红色，设置参数 CMYK 为 0、100、100、10，效果如图 5-73 所示。

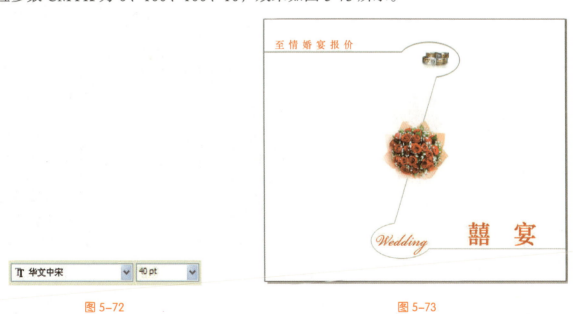

图 5-72　　　　　　　　　　　　　　　　图 5-73

●STEP19 单击工具箱中的【文本】图标 字，输入其他文字，调整好文字的字体、大小位置、字间距和字行距，填充黑色，设置参数 CMYK 为 0、0、0、100，填充红色，设置参数 CMYK 为 0、100、100、10，效果如图 5-74 所示。

图 5-74

以上是"酒店婚宴宣传广告卡"内页的设计及制作过程，效果如图 5-75 所示。

图 5-75

 作品欣赏

图 5-76 至图 5-80 为各种宣传卡。

图 5-76

图 5-77

图 5-78

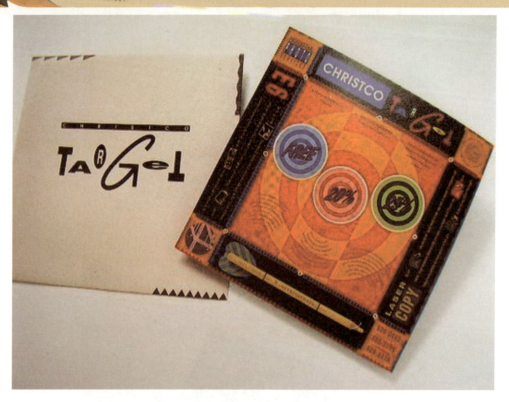

图 5-79

图 5-80

课后实训

设计一款二折页的平面广告宣传卡。

要求：

（1）尺寸自定；

（2）注意无背景图片的选择技巧；

（3）图片、字体的选择，以及色彩的搭配要符合该广告的主题；

（4）版式设计合理、美观，具有宣传价值；

（5）内页、封皮均需设计。

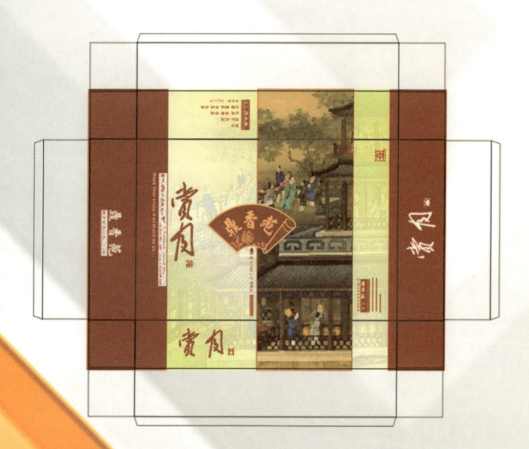

6

案例六

"中秋月饼"包装的视觉传达设计

● 任务引入

老师：同学们，大家在买各种商品的时候，最外面都会有一层什么呢？

学生：盒子、纸袋、塑料袋。

老师：这些叫什么呢？

学生：包装盒、包装袋。

老师：对的，我们称这些为商品的包装，这节课我们就一起学习一下包装的知识，以及如何使用软件来制作商品的包装。

 包装设计概述

1. 包装的定义

包装指选用合适的包装材料，运用巧妙的工艺手段，为包装商品进行的容器结构造型和包装的美化装饰设计。

成功的包装设计必须具备货架印象、可读性、外观图案、商标印象、功能特点说明这几个要点。

2. 包装的视觉传达

包装的视觉传达是将包装外表上的视觉形象，包括文字、摄影、插图、图案、色彩等要素按照一定形式美原则有效结合在一起的过程，这是一种创意的体现。设计师运用各种方法、手段，将商品的信息和企业的理念，通过视觉方式传达给消费者。

包装的视觉传达设计的三大构成要素包括：外形要素、构图要素、材料要素。

（1）外形要素。外形要素就是商品包装展示面的外形，包括展示面的大小、尺寸和形状。日常生活中我们所见到的形态有三种，即自然形态、人造形态和偶发形态。但我们在研究产品的形态构成时，必须找到一种适用于任何性质的形态，即把共同的规律性抽出来，人们称为抽象形态。

形态构成就是外形要素，或被称为形态要素，就是以一定的方法、原则构成的各种千变万化的形态。形态是由点、线、面、体这几种要素构成的。包装的形态主要有圆柱体、长方体、圆锥体和各种形体，以及有关形体的组合及因不同切割构成的各种形态。包装形态构成的新颖性对消费者的视觉引导起着十分重要的作用，奇特的视觉形态能给消费者留下深刻的印象。包装设计者必须熟悉形态要素本身的特性及其表情，并以此作为表现形式美的素材。

设计者在考虑包装设计的外形要素时，还必须从形式美原则的角度去认识它。按照包装设计的形式美原则结合产品自身功能的特点，将各种因素自然地结合起来，以求得完美统一的设计形象。

包装外形要素的形式美原则主要从以下几个方面考虑，即对称与均衡、安定与轻巧、对比与调和、重复与呼应、节奏与韵律、比拟与联想、比例与尺度、统一与变化。

（2）构图要素。构图是将商品包装展示面的商标、图形、文字和组合排列在一起的一个完整的画面。这四方面的组合构成了包装视觉传达的整体效果。商品设计构图要素——商标、图形、色彩和文字运用得正确、适当、美观，就是优秀的设计作品。

①商标设计。商标是一种符号，是企业、机构、商品和各项设施的象征形象。商标是一项实用工艺美术，它涉及政治、经济、法制及艺术等领域。商标的特点是由它的功能、形式决定的。它要将丰富的传达内容以更简洁、更概括的形式，在相对较小的空间里表现出来，同时需要观察者在较短的时间内理解其内在的含义。商标一般可分为文字商标、图形商标，以及文字、图形相结合的商标三种形式。一个成功的商标设计应该是创意与表现有机结合的产物。创意是设计者根据设计要求，对某种理念进行综合、分析、归纳、概括，并通过哲理的思考，化抽象为形象，将设计概念由抽象的评议表现逐步转化为具体的形象设计。

②图形设计。包装的图形主要指产品的形象和其他辅助装饰形象等。图形作为设计的语言，就是要把形象内在及外在的构成因素表现出来，以视觉形象的形式把信息传达给消费

者。要达到此目的，图形设计的准确定位是非常关键的。定位的过程即设计者熟悉产品全部内容的过程，其中包括商品的属性、商标、名称的含义及同类产品的现状等诸多因素。

图形就其表现形式可分为实物图形和装饰图形两种。

第一，实物图形一般采用绘画手法、摄影写真等来表现。绘画是包装装潢设计的主要表现形式，设计者要根据包装整体构思的需要绘制画面，为商品服务。与摄影写真相比，它具有取舍、提炼和概括自由的特点。绘画手法直观性强，生动有趣，是宣传、美化商品的一种手段。然而，商品包装的商业性决定了设计应突出表现商品的真实形象，要给消费者直观的视觉形象，所以用摄影写真表现真实、直观的视觉形象是包装装潢设计的最佳表现手法。

第二，装饰图形分为具象和抽象两种表现手法。具象的人物、风景、动物或植物的纹样作为包装的象征性图形可用来表现包装的内容物及属性。抽象的手法多用于写意，采用抽象的点、线、面的几何形纹样，色块或肌理效果构成画面，简练、醒目，具有形式感，也是包装的主要表现手法。通常，具象形态与抽象表现手法在包装装潢设计中并非是孤立的，而是相互结合的。

内容和形式的辩证统一是图形设计中的普遍规律，在设计过程中，设计者可以根据图形内容的需要，选择相应的图形表现技法，使图形设计达到形式和内容的统一，创造出反映时代精神和民族风貌的、经济适用的、美观的装潢设计作品是对包装设计者的基本要求。

③色彩设计。色彩设计在包装设计中占据了重要的位置。色彩是美化和突出产品的重要因素。包装色彩的运用是与整个画面设计的构思、构图紧密联系的。包装色彩要求平面化、匀整化。以人们的联想和习惯为依据，进行高度的夸张和变色是包装艺术的一种手段。同时，包装的色彩还会受到工艺、材料、用途和销售地区等因素的限制。

包装设计中的色彩要求醒目，对比强烈，有较强的吸引力和竞争力，以唤起消费者的购买欲望，促进销售。例如，食品类用鲜明丰富的色调，以暖色为主，突出食品的新鲜、营养和风味；医药类用单纯的冷暖色调；化妆品类常用柔和的中间色调；小五金、机械工具类常用蓝、黑及其他沉着的色调，以表示坚实、精密和耐用的特点；儿童玩具类常用鲜艳夺目的纯色和冷暖对比强烈的各种色调，以符合儿童的心理和爱好；体育用品类多采用鲜明响亮的色调，以增加活跃、运动的感觉……不同的商品有不同的特点与属性。设计者要研究消费者的习惯和爱好，还应研究消费者的心理及国际、国内流行色的变化趋势，以了解消费者的需求。

④文字设计。文字是传达思想、交流感情和信息，表达某一主题内容的符号。商品包装上的牌号、品名、说明文字、广告文字、生产厂家、公司或经销单位等，反映了包装的本质内容。设计包装时必须把这些文字作为包装整体设计的一部分来统筹考虑。

包装设计中文字设计的要点：第一，文字内容简明、真实、生动、易读、易记；第二，字体设计应反映商品的特点、性质、有独特性，并具备良好的识别性和审美功能；第三，文字的编排与包装的整体设计风格应和谐。

（3）材料要素。材料要素是商品包装所用材料表面的纹理和质感。它往往会影响到商品包装的视觉效果。利用不同材料的表面变化或表面形状可以达到商品包装的最佳效果。包装用材料，无论是纸类材料、塑料材料、玻璃材料、金属材料、陶瓷材料、竹木材料，还是其他复合材料，都有不同的质地肌理效果。运用不同材料，并妥善地加以组合配置，可给消费者以新奇、冰凉或豪华等不同的感觉。材料要素是包装设计的重要环节，它直接关系到包装的整体功能和经济成本、生产加工方式及包装废弃物的回收处理等方面的问题。

此案例以月饼外包装盒的平面展开图设计为例，介绍利用 CorelDRAW X7 软件设计制作本案例的方法和步骤，最终效果如图 6-1 所示。

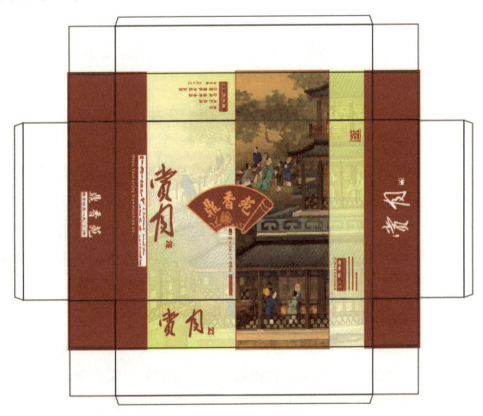

图 6-1

月饼包装的设计与制作过程

任务一：包装纸盒平面展开图的制作

STEP01 打开 CorelDRAW X7 软件，单击菜单栏中的【文件】→【新建】选项，新建一个空白文件，设定纸张大小，如图 6-2 所示。

STEP02 单击工具箱中的【矩形】图标□，绘制一矩形。在属性栏中设置【对象大小】如图 6-3 所示，完成效果如图 6-4 所示，此矩形是包装盒的主销面。

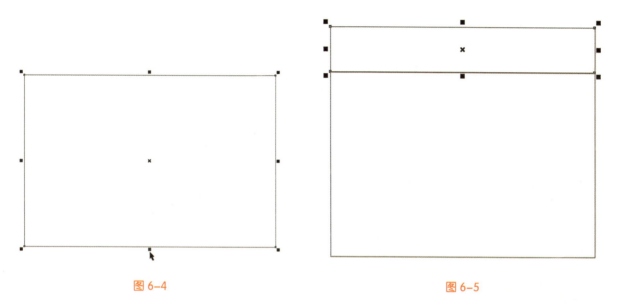

图 6-2

图 6-3

STEP03 单击工具箱中的【挑选】图标，将鼠标指针放在矩形下方中间的控制点上，按住左键向上方拖动，不松开左键，直接右击，以矩形的上边长为轴缩短复制一个窄矩形，如图 6-5 所示。

图 6-4

图 6-5

 被选择对象的周围有 8 个控制点，在任何一个控制点上按住鼠标左键拖动，均可将对象放大或缩小。

STEP04 单击菜单栏中的【窗口】→【泊坞窗】→【变换】→【大小】选项，或者使用快捷键【Alt】+【F10】，参数设置如图 6-6 所示，然后单击【应用】按钮，此矩形是包装盒的后侧立面。

STEP05 单击主销面的矩形，将鼠标指针放于矩形上方中间的控制点上，按住左键向下方拖动，不松开左键，直接右击，以矩形的下边长为轴缩短复制一个窄矩形，如图 6-7 所示。

STEP06 单击菜单栏中的【窗口】→【变换】→【泊坞窗】→【大小】选项，或者使用快捷键【Alt】+【F10】，参数设置如图 6-8 所示，单击【应用】按钮，此矩形是包装盒的前侧立面。

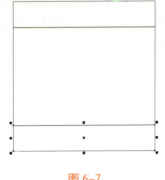

图 6-6　　　　　　　　图 6-7　　　　　　　　图 6-8

○STEP07　单击主销面的矩形，将鼠标指针放于矩形左侧中间的控制点上，按住左键向右侧拖动，不松开左键，直接右击，以矩形的右边长为轴缩短复制一个窄矩形，如图 6-9 所示。

○STEP08　单击菜单栏中的【窗口】→【泊坞窗】→【变换】→【大小】选项，或者使用快捷键【Alt】+【F10】，参数设置如图 6-10 所示，单击【应用】按钮，此矩形是包装盒的右侧立面。

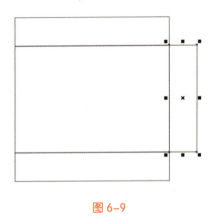

图 6-9　　　　　　　　　　　　　　图 6-10

○STEP09　单击主销面的矩形，将鼠标指针放于矩形右侧中间的控制点上，按住左键向左侧拖动，不松开左键，直接右击，以矩形的左边长为轴缩短复制一个窄矩形，如图 6-11 所示。

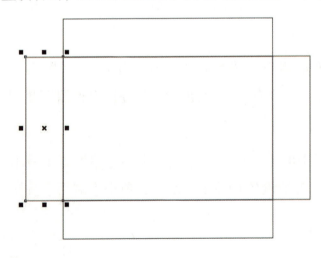

图 6-11

●STEP10 单击菜单栏中的【窗口】→【泊坞窗】→【变换】→【大小】选项，或者使用快捷键【Alt】+【F10】，参数设置如图 6-12 所示，单击【应用】按钮，此矩形是包装盒的左侧立面。

●STEP11 重复操作复制侧立面的做法，并单击菜单栏中的【窗口】→【泊坞窗】→【变换】→【大小】选项，或使用快捷键【Alt】+【F10】，以调节复制后矩形的尺寸，效果如图 6-13 所示（先填充颜色以区分各个部分）。

图 6-12

图 6-13

图 6-13 部分颜色说明：

白色——主销面及四个侧立面；

浅灰——四个侧立面折回部分（纸盒的内侧立面），尺寸与对应的侧立面尺寸相同；

深灰——侧立面互锁结构，尺寸为 80mm×80mm；

黑色——互锁结构，宽度为 15mm，长度与对应的侧立面长度相同。

纸盒的某些部分是需要折叠到里面的，然后通过纸盒结构来互锁，目的是增加纸盒的厚度来提高其承重能力，图 6-13 中的四个内侧立面（浅灰部分）及两部分互锁结构（深灰、黑色）就是需要折叠到里面的。为了折叠方便，不至于弄坏纸盒，互锁结构需要在其边缘减裁掉几毫米。下面继续制作细节部分。

●STEP12 单击工具箱中的【矩形】图标▢，绘制一矩形。在属性栏中设置【对象大小】如图 6-14 所示，效果如图 6-15 所示。

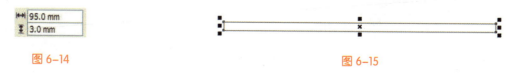

图 6-14

图 6-15

●STEP13 单击工具箱中的【形状】图标，在矩形的任一节点上按住鼠标左键拖动，将矩形倒角，效果如图 6-16 所示。

图 6-16

●STEP14 单击工具箱中的【挑选】图标，单击菜单栏中的【视图】→【贴齐对象】选项，或者使用快捷键【Alt】+【Z】，将倒角矩形拖动到互锁结构处，位置如图 6-17 所示。

●STEP15 单击菜单栏中的【窗口】→【泊坞窗】→【造型】选项，在下拉菜单中选择【修剪】如图 6-18 所示。

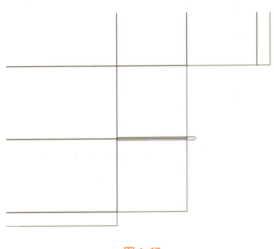

图 6-17   图 6-18

●STEP16 确定倒角矩形被选中，勾选【保留原件】下的【来源对象】复选框如图 6-19 所示，单击【修剪】按钮，当鼠标指针变成，单击倒角矩形下方的正方形互锁结构，修剪正方形，效果如图 6-20 所示。

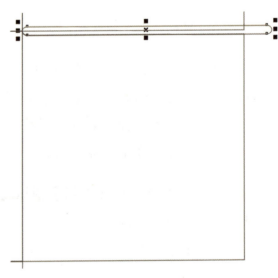

图 6-19   图 6-20

●STEP17 用 STEP16 的方法，将其他正方形修剪完成。注意在修剪前，必须确定倒角矩形被选中，修剪后将其保留下来，因为在后面的修剪中还要用到此倒角矩形。各个正方形修剪后的效果如图 6-21 所示。

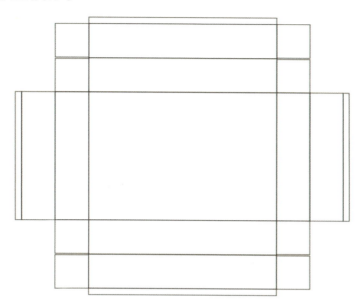

图 6-21

【保留原件】下的【来源对象】与【目标对象】的区别：

【来源对象】是修剪前选中的对象；

【目标对象】是单击后即将要修剪的对象。

　　勾选它们前面的复选框，在修剪后，可以将对象原件保留；不勾选，在修剪后，对象的原件将直接被修剪掉，没有原件。

●STEP18 将倒角矩形拖动到左内侧立面矩形的下边长位置，效果如图 6-22 所示，重复 STEP16 的方法，将左、右内侧立面的短边（共四条）进行修剪，效果如图 6-23 和图 6-24 所示。

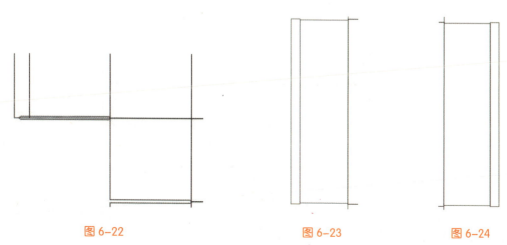

图 6-22　　　　　　　　　图 6-23　　　　　　　　图 6-24

●STEP19 单击菜单栏中的【视图】→【贴齐对象】选项，或者使用快捷键【Alt】+【Z】，单击工具箱中的【手绘】图标 🖋，配合【Ctrl】键，在细长的互锁结构顶端绘制一个梯形，如图 6-25 所示。

●STEP20 确定梯形被选中，用 STEP16 的方法，将细长互锁结构的顶端（共八个）修剪完成，单个修剪完成的效果如图 6-26 所示。

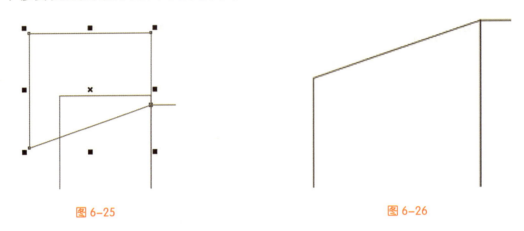

图 6-25　　　　　　　　　　　　　　　　　　图 6-26

●STEP21 单击工具箱中的【挑选】图标 🔲，按【Ctrl】+【A】键选中窗口中全部对象，单击菜单栏中的【排列】→【锁定对象】选项。因为我们暂时不修改展开图部分，所以将其锁定，使其处于非编辑状态，以免误操作。以上是包装纸盒平面展开图的制作，效果如图 6-27 所示。

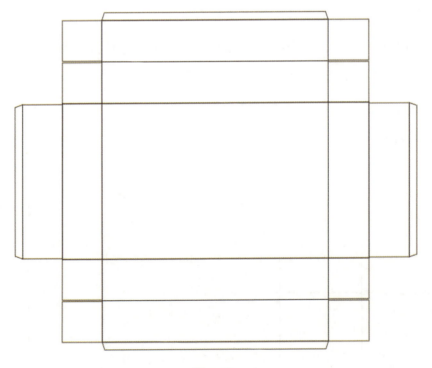

图 6-27

下面在包装纸盒展开图的基础上，设计制作图形、文字等视觉元素。

任务二：背景、图形的设计与制作

●STEP01 单击工具箱中的【矩形】图标□，绘制一个矩形。在属性栏中设置【对象大小】如图 6-28 所示。

●STEP02 单击工具箱中的【挑选】图标，单击菜单栏中的【视图】→【贴齐对象】选项，或者使用快捷键【Alt】+【Z】，鼠标指针放在大矩形中心点"×"的位置，按住鼠标左键将其拖动到主销面的中心处（自动捕捉），释放鼠标。

图 6-28

●STEP03 填充大矩形颜色，参数设置 CMYK 为 0、100、100、30，轮廓色设置为"无"，效果如图 6-29 所示。

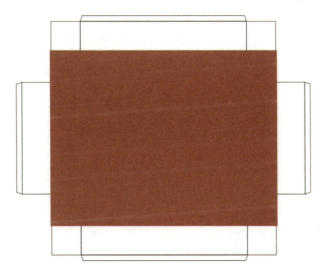

图 6-29

●STEP04 单击菜单栏中的【窗口】→【泊坞窗】→【变换】→【大小】选项，或者使用快捷键【Alt】+【F10】，参数设置如图 6-30 所示，单击【应用】按钮，缩短复制大矩形。

●STEP05 单击工具箱中的【交互式填充】图标，然后选择【渐变】如图 6-31 所示，弹出的对话框设置如图 6-32 所示。

图 6-30   图 6-31

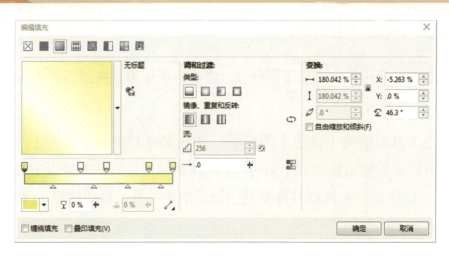

图 6-32

●STEP06 在图 6-32 中的【交互填充】选项内，下方的【位置】和【矩形渐变色块】的颜
色设置，如图 6-33 至图 6-37 所示，完成效果如图 6-38 所示。

●STEP07 单击工具箱中的【挑选】图标 ，单击菜单栏中的【窗口】→【泊坞窗】→【变
换】→【位置】选项，或者使用快捷键【Alt】+【F7】，参数设置如图 6-39 所示，单击【应
用】按钮，将渐变矩形水平向左移动，位置如图 6-40 所示。

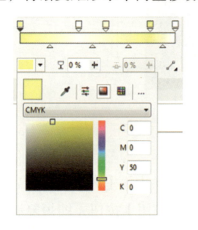

图 6-33

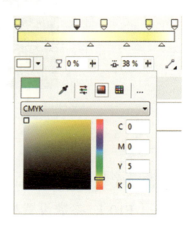

图 6-34

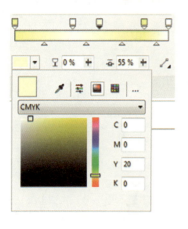

图 6-35

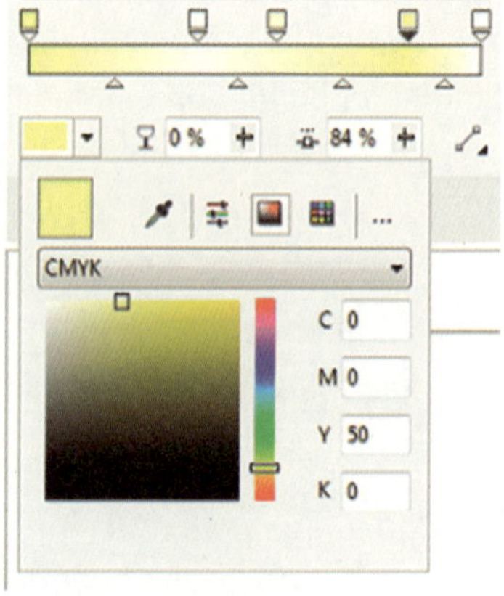

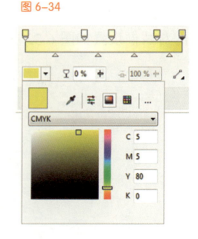

图 6-36

图 6-37

图 6-38

图 6-39   图 6-40

🔴STEP08 单击标准工具栏中的【导入】图标🖼️，导入格式为".jpg"的图片，单击菜单栏中的【窗口】→【泊坞窗】→【变换】→【大小】选项，或者使用快捷键【Alt】+【F10】，参数设置如图 6-41 所示（只修改垂直数值），单击【应用】按钮，使图片等比例放大。

🔴STEP09 单击工具箱中的【透明度】图标📷，在属性栏中的参数设置如图 6-42 所示，使图片有半透明效果。

🔴STEP10 单击菜单栏中的【对象】→【图框精确剪裁】→【置于图文框内部】选项，当鼠标指针变成➡️，单击颜色渐变矩形，使图片内置到矩形内部。

图 6-41

图 6-42

STEP11 单击工具箱中的【挑选】图标，单击暗红色大矩形，单击菜单栏中的【窗口】→【泊坞窗】→【变换】→【大小】选项，或者使用快捷键【Alt】+【F10】，参数设置如图 6-43 所示，单击【应用】按钮，再次缩短复制大矩形。

图 6-43

STEP12 单击菜单栏中的【排列】→【顺序】→【置于此对象前】选项，当鼠标指针变成➡，单击颜色渐变的矩形如图 6-44 所示，使刚复制的小矩形放置在颜色渐变矩形的上层。在水平方向上调整小矩形的位置，效果如图 6-45 所示。

STEP13 填充小矩形颜色为"无"，轮廓色参数 CMYK 设置为 0、100、100、30，轮廓宽度为 0.5mm。

STEP14 重复操作 STEP08，导入相同的图片。

图 6-44

图 6-45

●STEP15 单击菜单栏中的【对象】→【图框精确剪裁】→【置于图文框内部】选项，当鼠标指针变成➡，单击小矩形，使图片内置到矩形内部，效果如图 6-46 所示。

图 6-46

●STEP16 单击标准工具中的【导入】图标 ，导入格式为".psd"的无背景"鼎香苑"标志，调节好标志的大小及位置，效果如图 6-47 所示。

101

图 6-47

●STEP17 按【Ctrl】+【A】键选中窗口中的全部对象（展开图因为被锁定，处于非编辑状态，不会被选择进来），单击菜单栏中的【排列】→【顺序】→【到图层后面】选项，使用快捷键【Shift】+【PgDn】，使全部对象放置于展开图的底层，效果如图 6-48 所示。

图 6-48

从图 6-48 中我们可以清楚地看到纸盒展开图的主销面及四个侧立面的效果。其中四个侧立面的边缘，颜色、图案溢出了边界线，这是因为在印刷后期，纸盒必须经过折叠及模切刀版裁切两道工序。在这两道工序中为了使误差减小，我们设计时要使四个侧立面的颜色、图案溢出 3mm 的出血，以保证折叠后的成品图案不会露出白边。

STEP18 单击工具箱中的【矩形】图标□，在主销面的左侧绘制一个矩形。在属性栏中设置【对象大小】如图 6-49 所示，填充白色，设置参数 CMYK 为 0、0、0、0，轮廓色参数 CMYK 为 0、100、100、30，轮廓宽度为 0.5mm，调整其位置关系，效果如图 6-50 所示。

↔ 15.0 mm
↕ 188.0 mm

图 6-49

图 6-50

STEP19 单击标准工具中的【导入】图标，导入格式为 ".psd" 的无背景毛笔字、鼎香苑标准字及珍品标志等图片，调节好图片的大小及位置，其中"鼎""香""苑"3 个白色标准字需要在属性栏中设置角度分别逆时针旋转 270°，效果如图 6-51 所示。

图 6-51

103

○STEP20 单击工具箱中的【矩形】图标□，在主销面的右下角绘制一个矩形。在属性栏中设置【对象大小】如图6-52所示，填充颜色，设置参数CMYK为0、100、100、30，轮廓色设置为"无"，调整其位置关系，效果如图6-53所示。

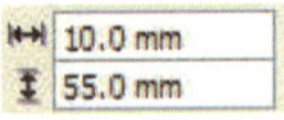

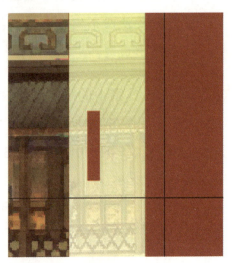

图 6-52

图 6-53

○STEP21 单击工具箱中的【手绘】图标，在刚绘制的矩形左侧配合【Ctrl】键绘制一条垂直线。在属性栏中，设置【对象大小】及【轮廓宽度】如图6-54和图6-55所示，填充轮廓色，设置参数CMYK为0、100、100、30，调整其位置关系，效果如图6-56所示。

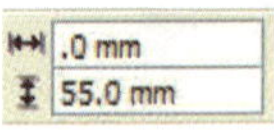

图 6-54

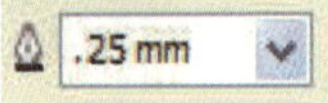

图 6-55

○STEP22 重复STEP21的操作，绘制矩形右侧的五条垂直线，调整好线之间的距离，效果如图6-57所示。

图 6-56

图 6-57

如何等距离复制垂直线。

STEP1：选中第一条垂直线，配合【Ctrl】键，按住鼠标左键拖动到第二条垂直线的位置，不松开鼠标左键直接右击，快速移动复制第二条垂直线；

STEP2：配合快捷键【Ctrl】+【R】，即可复制出其他的垂直线，而线的间距以第一、第二条线的间距为基准。

STEP23 单击工具箱中的【挑选】图标 ，将右侧立面的白色"鼎香苑"标准字移动复制到主销面右下角的矩形上，在 STEP19 中 3 个标准字分别逆时针旋转了 270°，在此将其调回 0°，调整好位置及大小，效果如图 6-58 所示。

STEP24 按住【Shift】键加选小矩形、六条垂直线和标准字，按住鼠标左键将它们拖动到后侧立面的位置，不松开鼠标直接右击，快速移动复制，然后将它们旋转 180°，调整好位置，效果如图 6-59 所示。

图 6-58

图 6-59

STEP25 再次按住【Shift】键加选主销面右下角的小矩形和其左侧的一条垂直线，参考 STEP24 的操作，将它们快速移动复制到左侧立面。填充矩形颜色为白色，设置参数 CMYK 为 0、0、0、0，轮廓色为"无"；垂直线轮廓色为白色，设置参数 CMYK 为 0、0、0、0。

STEP26 单击菜单栏中的【窗口】→【泊坞窗】→【变换】→【大小】选项，或者使用快捷键【Alt】+【F10】，参数设置如图 6-60 所示（只修改垂直数值），单击【应用】按钮，效果如图 6-61 所示。

以上是包装纸盒平面展开图中背景、图形的设计与制作，效果如图 6-62 所示。

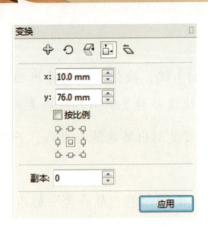

图 6-60

图 6-61

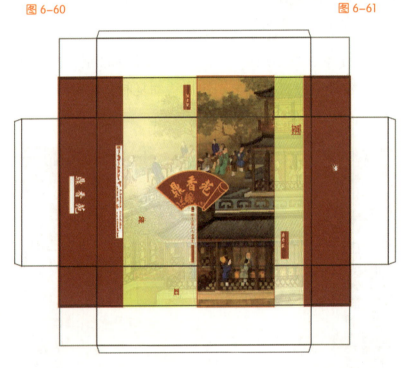

图 6-62

任务三：文字的设计与制作

STEP01 单击工具箱中的【文本】图标，在主销面左侧单击，在属性栏中单击【将文本更改为垂直方向】图标，设置【字体】及【字体大小】如图 6-63 所示，输入"赏月"，填充颜色，设置参数 CMYK 为 0、100、100、30，轮廓色参数 CMYK 为 0、100、100、30，轮廓宽度为 1mm，效果如图 6-64 所示。

轮廓颜色及轮廓宽度的设置。

单击属性栏中的【轮廓宽度】，这是轮廓宽度（默认值）；或者双击窗口右下角的【轮廓笔】（默认颜色及默认数值），在弹出的对话框中可以设置对象的轮廓颜色及轮廓宽度。

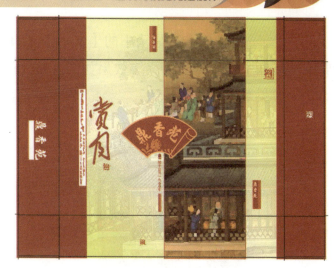

TT 草檀斋毛泽东字体 ∨　170 pt ∨

图 6-63　　　　　　　　　　　　　　　　图 6-64

●STEP02　单击工具箱中的【挑选】图标，参考任务二中 STEP24 的操作，快速移动复制"赏月"文字到前侧立面，单击属性栏中【将文本更改为水平方向】图标，字号为 125pt。

●STEP03　将 STEP02 中复制的文字再次移动复制到右侧立面，并旋转 90°，颜色及轮廓色均更改为白色，效果如图 6-65 所示。

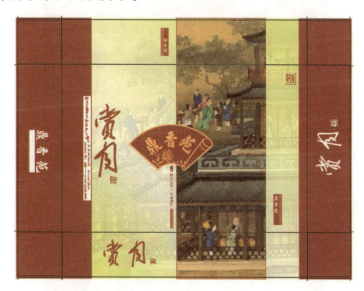

图 6-65

●STEP04　单击工具箱中的【文本】图标，输入英文"Hope Your enjoy it as much as us…"，将英文旋转 270°，其他设置如图 6-66 所示，填充白色，设置参数 CMYK 为 0、0、0、0，轮廓色为"无"；输入拼音"DINGXIANGYUAN"，将其旋转 270°，其他设置如图 6-67 所示，填充颜色，设置参数 CMYK 为 0、100、100、30，轮廓色设置为"无"。

O Arial ∨　22 pt ∨　　　　　　O Arial ∨　15 pt ∨

图 6-66　　　　　　　　　　　　　　图 6-67

107

●STEP05 继续单击工具箱中的【文本】工具字，输入汉字，字体为隶书，字号大小根据周围环境调整。左侧立面文字效果如图 6-68 所示，后侧立面文字效果如图 6-69 所示，主销面文字效果如图 6-70 所示。

图 6-68

图 6-69

图 6-70

以上是添加文字的效果，本案例的最终效果如图 6-71 所示。

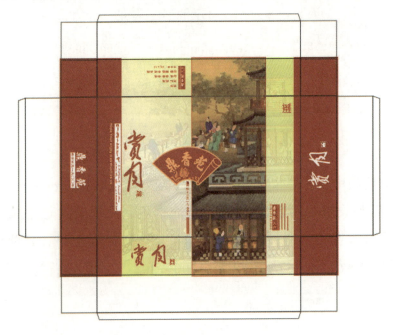

图 6-71

作品欣赏

图 6-72 至图 6-77 为各种包装的设计。

图 6-72

图 6-73

图 6-74

图 6-75

图 6-76

图 6-77

课后实训

为茶叶设计一款包装。

要求：

（1）内外包装不限；

（2）简洁明快、大方得体、美观；

（3）包装的视觉传达设计三大构成要素的搭配要符合产品的特点；

（4）附带100字的文字说明（想法、设计思路）。

7

案例七

鼠标造型设计

● 任务引入

老师：大家知道吗，随着科技的发展和现代化技术的运用，现代的工业设计已与传统的工业设计有了很大不同，它所涉及的范围非常广泛，大家都知道包括哪些内容吗？

学生：还不是很了解呢。

老师：它包括产品设计、广告设计、展示设计、包装设计、装帧设计等，在这些内容里面，哪一个是工业设计的核心呢？

学生：产品设计。

老师：对的，产品设计，今天我们就学习鼠标的造型设计。

认识产品设计

产品设计是工业设计的核心，是企业运用设计的关键环节。它的主要目的是将原料的形态改变为更有价值的形态。设计者通过对人的生理、心理、生活习惯等一切关于人的自然属性和社会属性的认知，进行产品的功能、性能、形式、价格、使用环境的定位，结合材料、技术、结构、工艺、形态、色彩、表面处理、装饰、成本等因素，从社会的、经济的、技术的角度进行创意设计，在企业生产管理中保证设计质量实现的前提下，使产品既是企业的产品、市场中的商品，又是老百姓的用品，达到顾客需求和企业效益的完美统一。

1. 产品设计程序

产品设计程序是指一个具体的设计从开始到结束的全部过程，以及它所包含的各个阶段的工作步骤。要设计出一个成功的产品，设计者就一定要按照科学、合理的程序进行设计，只有遵循程序才能深入地展开设计思维，从而达到预想的设计目标。

产品设计所涉及的内容和范围很广，其设计的复杂性各不相同，因此其设计程序也会有所差异。但是无论是什么产品，其设计的目标均是"以人为本，为人服务"，所以设计的大方向和原则是不会有大的偏差的。设计者的设计过程虽受到生活观念、社会文化、科学技术、市场经济等一些共同因素的影响，但基本的设计过程必有其同一性。产品设计流程如图 7-1 所示。

图 7-1

2. 产品设计的原则

（1）产品创新。既不重复大家熟悉的形式，又不会为了新奇而刻意出新。

（2）创造有价值的产品。设计的第一要务是让产品尽可能实用。不论是产品的主要功能，还是辅助功能，都有一个特定及明确的用途。

（3）具有美学价值。产品的美感及它营造的魅力体验是产品与实用性不可分割的一部分。

（4）产品功能简单明了、一目了然。优秀的设计作品能让产品的特性不言自明，使人一望而知。

（5）产品设计不是触目、突兀和炫耀的。产品不是装饰物，也不是艺术品。产品的设计应该是自然的、内敛的，为使用者提供自我表达的空间。

（6）优秀的设计是历久弥新的。设计不需要稍纵即逝的时髦。在越来越多事物"快餐化"的今天，优秀的设计才能在众多产品中脱颖而出，让人珍视。

（7）设计贯穿每个细节，决不心存侥幸、留下任何漏洞。设计过程中的精益求精体现了对使用者的尊重。

（8）兼顾环保，致力于维持稳定的环境，合理利用原材料。但是设计不应仅仅局限于防止对环境的污染和破坏，也应注意不让人们的视觉产生任何不协调的感觉。

（9）出色的设计越简单越好，但是简单不等于空无一物的设计，也不等于产品看起来纷乱无章，而是突出产品的关键部分，简单而纯粹的设计才是最优秀的。

3. 产品设计的特征

（1）发扬创新意识。产品设计的核心是创新，这是毫无疑问的。设计创新始于设计师的创造性设计思维。设计师在设计过程中应该突破固有的思维模式，从思维方法上养成创新的习惯，大胆打破前人的条条框框，以全新的概念从整体出发，多方位、多元化、纵横交叉地去思考和创造，并将其贯彻到设计实践中。设计者在寻求问题的最佳解决方案时，要有一种坚韧的独创精神和丰富的想象力，这样才能使其真正具有灵感和创新的能力，使其设计永远具有生命力。对初学者而言，创新意识与能力应该是学习训练的最主要的目标之一。

（2）设计思维的双重性。现代设计的环境越来越复杂，人们应考虑的问题和涉及的因素也越来越多，思维方式的双重性在设计中体现得越来越重要。产品设计过程可以简单概括为设计调研分析—构思设计—设计分析评价—再构思设计—再评价—再设计……在循环发展的设计过程中，设计者在每一个分析阶段所运用的主要是分析概括、总结归纳、评价选择的逻辑思维方式，以此确立设计与选择的基础依据；而在各构思设计阶段，设计者主要运用的则是形象思维，即借助个人丰富的想象力和创造力把逻辑分析的结果发挥表达成为具体的形态。因此，产品设计的学习训练必须兼顾逻辑思维和形象思维两个方面，不可偏废。设计中如果弱化逻辑思维，设计将缺少存在的合理性与可行性；反之，如果忽视了形象思维，设计则丧失了创作的灵魂。

（3）过程性。产品设计需要一个相当的过程，需要人们科学、全面地分析调研，深入大胆地思考想象，需要在广泛论证的基础上优化选择方案，要不断地推敲、修改、发展和完善。整个过程中的每一步都是互为因果且不可缺少的。只有如此才能保障设计方案的科学性、合理性与可行性。

（4）社会性。产品是人造物质世界的重要因素，是当时社会科技、文化、经济的结晶，其还反映了当时的社会风貌。产品设计的社会性表现为：创造社会物质文明，满足消费者需求；通过产品设计构造和谐、完美的产品，促进人与人、人与自然、人与社会的良好关系；促进环境保护，减少能源消耗，促进地球与人类共生、共存的良性循环；提高社会效率，促进社会生产力的发展，改善人的生存方式和工作质量。

此案例介绍利用 CorelDRAW X7 软件设计制作鼠标的造型及外观的步骤。最终效果如图 7-2 所示。

图 7-2

鼠标的设计与制作过程

任务一：鼠标外形的绘制

STEP01 打开 CorelDRAW X7 软件，单击菜单栏中的【文件】→【新建】选项，新建一个空白文件，设定纸张大小，如图 7-3 所示。

图 7-3

鼠标的外轮廓是左右完全对称的，所以我们先绘制一条垂直线作为中轴线，再将绘制好的一侧轮廓线对称复制出另外一侧的轮廓线。

STEP02 单击工具箱中的【手绘】图标，配合【Ctrl】键，绘出一条垂直线（长度不限）。

STEP03 按【Alt】+【Z】键打开贴齐对象命令，单击工具箱中的【贝塞尔】图标，贴近垂直线上方（自动捕捉）单击，定位起点，将鼠标移动到下一个定位点的位置，再次单击或者按住左键拖动，定位第二个节点，以此类推，直到垂直线下方（自动捕捉）单击，绘制鼠标左侧大致的外轮廓，效果如图 7-4 所示。

⬤STEP04 单击工具箱中的【形状】图标⬚，选中欲修改的节点，在属性栏中，单击图标⬚、⬚或⬚可将节点的属性更改成【尖突节点】、【平滑节点】或【对称节点】；单击图标⬚或⬚可将线的属性改为【转换曲线为直线】或【转换直线为曲线】，拖动节点两侧的调节柄可以调节曲线的曲度。鼠标左侧的外轮廓调节效果如图 7-5 所示。

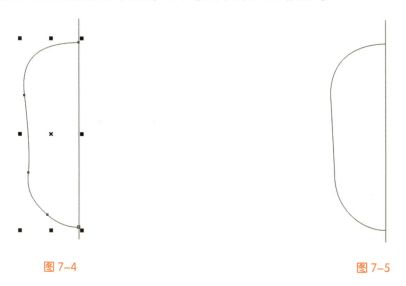

图 7-4　　　　　　　　　　　　　　　　　　　　图 7-5

⬤STEP05 单击菜单栏中的【窗口】→【泊坞窗】→【变换】→【缩放和镜像】选项，或者使用快捷键【Alt】+【F9】，单击【水平镜像】图标⬚，设置如图 7-6 所示，单击【应用】按钮，水平镜像复制出右侧的轮廓，效果如图 7-7 所示。

图 7-6　　　　　　　　　　　　　　　　　　　　图 7-7

⬤STEP06 单击工具箱中的【挑选】图标⬚，单击垂直线，按【Del】键，将垂直线删除。

⬤STEP07 框选鼠标的左右两部分轮廓，单击属性栏中的【合并】图标⬚，将两个对象合并为一个对象，效果如图 7-8 所示。

⬤STEP08 单击工具箱中的【形状】图标⬚，框选轮廓顶部的节点如图 7-9 所示。在属性栏中单击【连接两个节点】图标⬚，使此处节点闭合。同样的方法检验轮廓底部的节点如图 7-10 所示。此时鼠标轮廓尺寸如图 7-11 所示。

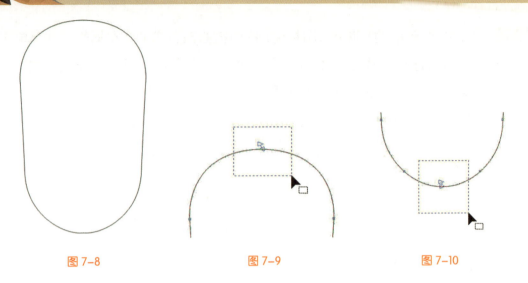

图 7-8　　　　　　　　　图 7-9　　　　　　　　　图 7-10

操作提示　　制作本案例的时候没有严格限定具体尺寸，是根据鼠标的比例来制作的，所以标出的尺寸小数点后有数值，不是整数。大家练习的时候可以参考本案例中给出的尺寸，熟练了用法后，再制作的时候根据自己的审美标准选定尺寸，注意比例要准确、和谐、美观。

下面我们绘制鼠标的滚轮部分。

STEP09 单击工具箱中的【矩形】图标▢，绘制一个矩形。在属性栏中设置【对象大小】如图 7-12 所示，填充黑色，参数设置 CMYK 为 0、0、0、100，轮廓色设置为"无"。

图 7-11　　　　　　　　　　　　　　　　图 7-12

STEP10 单击工具箱的【挑选】图标工具▯，按住【Shift】键，加选鼠标轮廓，单击属性栏上【对齐与分布】中的【顶端对齐】和【水平居中对齐】，弹出对话框设置如图 7-13 所示，对齐后的效果如图 7-14 所示。

图 7-13

图 7-14

● STEP11　单击工具箱中的【椭圆形】图标 ◎ ，绘制一个椭圆。为了与后面步骤中的几个椭圆区分，我们命名此椭圆为"椭圆1"。在属性栏中，设置【对象大小】如图7-15所示。

● STEP12　按【Alt】+【Z】键打开贴齐对象命令，将鼠标指针放于椭圆1顶部正中间的节点上，按住左键将其拖动到黑色矩形中心上（自动捕捉），释放鼠标，位置如图7-16所示。

图7-15

● STEP13　此时椭圆1位置偏下，将鼠标指针放于椭圆1上面正中间的节点上，配合【Ctrl】键，向上拖动一段距离，位置如图7-17所示。

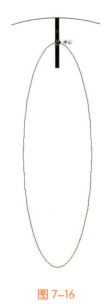

图7-16

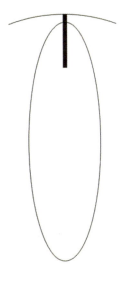

图7-17

● STEP14　单击属性栏中的【转换为曲线】图标 ◎ ，或者使用快捷键【Ctrl】+【Q】，将椭圆1转换为曲线。单击工具箱中的【形状】图标 ，选择椭圆1底部的节点，将节点两侧的调节柄水平向外拖动一段距离，使椭圆1下部宽一些，效果如图7-18所示。

● STEP15　单击工具箱中的【椭圆形】图标 ◎ ，再次绘制一个椭圆，将其命名为"椭圆2"。在属性栏中设置【对象大小】如图7-19所示。

● STEP16　单击工具箱的【挑选】图标 ，按住【Shift】键，加选椭圆2和椭圆1，单击属性栏上的【对齐与分布】图标 ，弹出对话框设置如图7-20所示，对齐后的效果如图7-21所示。

● STEP17　单击【窗口】→【泊坞窗】→【变换】→【大小】选项，或者使用快捷键【Alt】+【F10】，参数设置如图7-22所示，单击【应用】按钮，效果如图7-23所示，缩小复制出椭圆3。

图 7-18

图 7-20

图 7-22

图 7-19

图 7-21

图 7-23

●STEP18 再次单击【窗口】→【泊坞窗】→【变换】→【大小】选项，使用快捷键【Alt】+【F10】，参数设置如图 7-24 所示，单击【应用】按钮，缩小复制出椭圆 4。

●STEP19 配合【Ctrl】键，将椭圆 4 向下拖动一段距离，效果如图 7-25 所示。

图 7-24

图 7-25

●STEP20 单击工具箱中的【矩形】图标□，绘制一个矩形。在属性栏中设置【对象大小】如图 7-26 所示，填充黑色，设置参数 CMYK 为 0、0、0、100，轮廓色设置为"无"。

●STEP21 单击工具箱中的【形状】图标，在矩形的任意节点上按住鼠标左键拖动，将矩形倒角，设置属性栏中的【边角圆滑度】如图 7-27 所示。

●STEP22 单击属性栏中的【转换为曲线】图标，或者使用快捷键【Ctrl】+【Q】，将倒角矩形转换为曲线。用工具箱中的【形状】图标，选择倒角矩形底部的节点，按【Ctrl】+【↓】组合键 5 次。使其与椭圆垂直方向对齐，效果如图 7-28 所示，这是鼠标的滚轮。

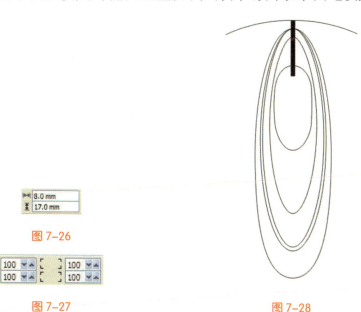

```
|←→| 8.0 mm
|↕| 17.0 mm
```

图 7-26

```
| 100 ▲▼ |    | 100 ▲▼ |
| 100 ▲▼ |    | 100 ▲▼ |
```

图 7-27

图 7-28

●STEP23 按【Alt】+【Z】键打开【贴齐对象】功能，在页面的左侧标尺上，按住鼠标左键拖动出一条辅助线至黑色细长矩形的中心处（自动捕捉），释放鼠标，创建一条垂直辅助线，如图 7-29 所示。

●STEP24 执行菜单栏中的【视图】→【贴齐辅助线】命令，单击工具箱中的【贝塞尔】图标，贴近辅助线绘制鼠标下部的 U 形分隔槽，参考 STEP03～STEP08 的操作方法，效果如图 7-30 所示。

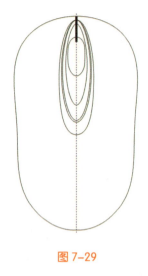

图 7-29

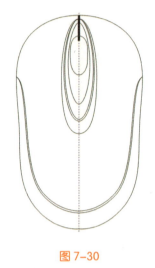

图 7-30

如何删除辅助线。

在辅助线上单击一次，辅助线呈红色，按【Del】键即可删除。

●STEP25 单击工具箱中的【矩形】图标，绘制一个矩形。在属性栏中设置【对象大小】如图 7-31 所示，将其底端与鼠标顶部贴齐，并且与垂直中心对齐，效果如图 7-32 所示。

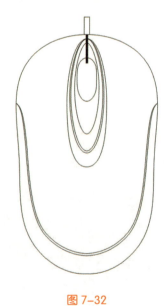

| ↔ | 2.2 mm |
| ↕ | 7.0 mm |

图 7-31

图 7-32

以上为鼠标外形的绘制，下面我们继续为鼠标进行初步的填充。

任务二：初步填充效果

STEP01 选中 U 形分隔槽，单击工具箱中的【交互式填充工具】如图 7-33 所示，或者使用快捷键【F11】，弹出的对话框设置如图 7-34 所示。

图 7-33

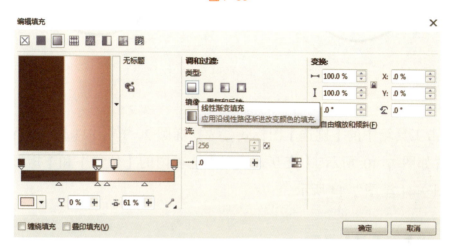

图 7-34

STEP02 在图 7-34 中的【交互式填充】选项内，下方的【位置】和【矩形渐变色块】的颜色设置如图 7-35 至图 7-37 所示。

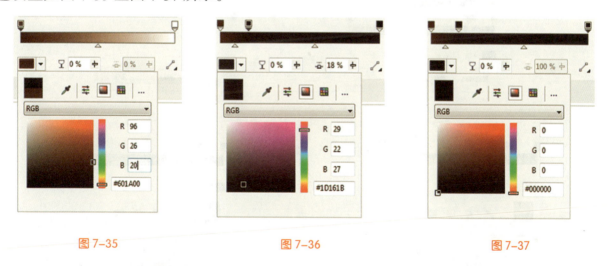

图 7-35　　　　　　图 7-36　　　　　　图 7-37

STEP03 将 U 形分隔槽的轮廓色设置为"无"，效果如图 7-38 所示。

STEP04 单击工具箱中的【透明度工具】图标，按住鼠标左键将光标从 U 形分隔槽的下方拖动到上方，释放鼠标，效果如图 7-39 所示。

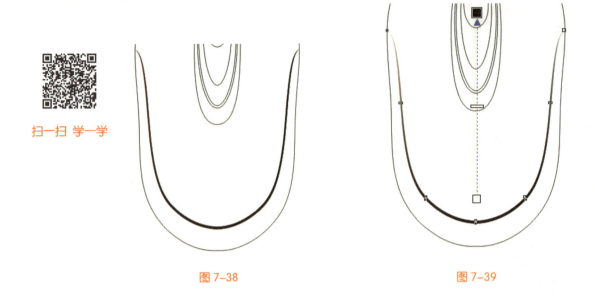

图 7-38　　　　　　　　　　　　　图 7-39

●STEP05 单击工具箱中的【挑选】图标 ，选择椭圆 2，按【F11】键进行渐变填充，弹出的对话框设置如图 7-40 所示。【交互式填充】选项内的【位置】和【矩形渐变色块】的颜色设置，如图 7-41 至图 7-44 所示。

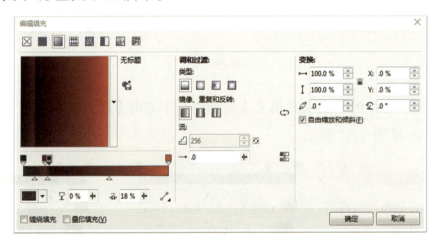

图 7-40

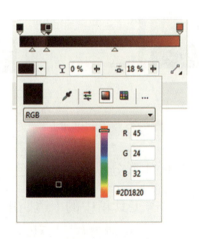

图 7-41　　　　　　　　　　　　　图 7-42

图 7-43

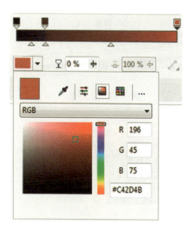

图 7-44

● STEP06　将椭圆 2 的轮廓色设置为"无"，效果如图 7-45 所示。

图 7-45

● STEP07　选择椭圆 3，按【F11】键进行渐变填充，弹出的对话框设置如图 7-46 所示。【交互式填充】选项内的【位置】和【矩形渐变色块】的颜色设置如图 7-47 至图 7-51 所示。

● STEP08　将椭圆 3 的轮廓色设置为"无"，效果如图 7-52 所示。

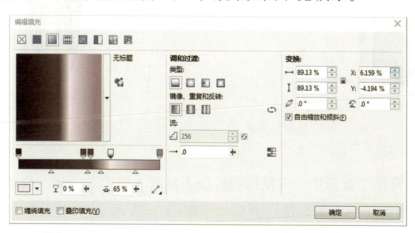

图 7-46

图 7-47

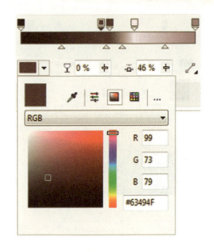

图 7-48

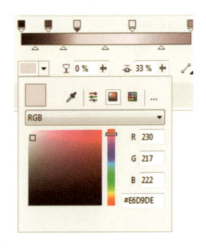

图 7-49

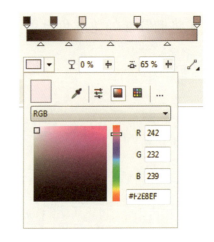

图 7-50

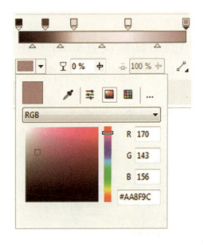

图 7-51

图 7-52

●STEP09 确定椭圆 3 被选中，将鼠标指针放于椭圆 3 的中心"×"位置上，按住鼠标右键将其拖动到椭圆 4 上，当鼠标指针变成 ⊕（如图 7-53 所示），释放鼠标，在弹出的下拉菜单中选择【复制所有属性】如图 7-54 所示。

图 7-53

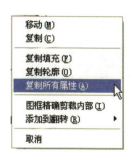

图 7-54

●STEP10 单击椭圆 4，将其选中，单击属性栏中的【水平镜像】图标，效果如图 7-55 所示。

●STEP11 选择椭圆 1，按【F11】键进行渐变填充，弹出的对话框设置如图 7-56 所示。【交互式填充】选项内的【位置】和【矩形渐变色块】的颜色设置如图 7-57 至图 7-60 所示。

图 7-55

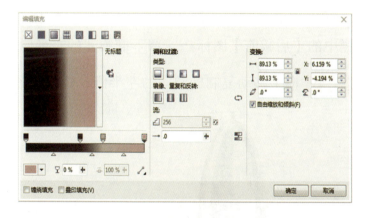

图 7-56

图 7-57

图 7-58

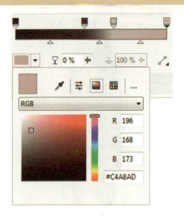

图 7-59   图 7-60

STEP12 将椭圆 1 的轮廓色设置为"无"，效果如图 7-61 所示。

下面我们为椭圆 4、椭圆 3、椭圆 1 添加高光。

STEP13 选中椭圆 4，原位置复制（快捷键【Ctrl】+【C】）、粘贴（快捷键【Ctrl】+【V】）。

STEP14 按【Alt】+【Z】键打开【贴齐对象】功能。单击工具箱中的【矩形】图标□，在椭圆 4 的右侧绘制一个高于椭圆 4 的矩形，使矩形左侧边贴齐到椭圆的底部正中节点，效果如图 7-62 所示。

STEP15 单击工具箱中的【挑选】图标◦，配合【Shift】键，加选椭圆 4 和矩形，单击属性栏中的【后减前】图标□，留下椭圆 4 的左半侧。

STEP16 向上移动复制椭圆 4 的左半侧，位置如图 7-63 所示。

图 7-61   图 7-62

STEP17 配合【Shift】键，加选椭圆 4 的左半侧，单击属性栏中的【移除前面对象】图标□，并将修剪后的图形填充白色，效果如图 7-64 所示。

图 7-63

图 7-64

●STEP18　单击工具箱的【透明度工具】图标，按住鼠标左键从白色图形的左侧边缘向右侧边缘拖动，释放鼠标。效果如图 7-65 所示。

●STEP19　参照 STEP13～STEP18 步骤的方法，绘制出椭圆 3、椭圆 1 的高光部分，效果如图 7-66 所示。

图 7-65

图 7-66

●STEP20　选择鼠标顶部的细长矩形（此矩形是鼠标线），按【F11】键进行交互式填充，弹出的对话框设置如图 7-67 所示。【交互式填充】选项内的【位置】和【矩形渐变色块】的颜色设置如图 7-68 至图 7-71 所示。

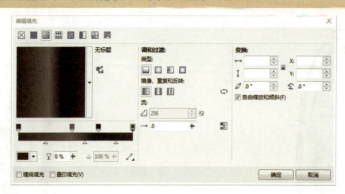

图 7-67

图 7-68

图 7-69

图 7-70

图 7-71

STEP21 将细长矩形的轮廓色设置为"无"，效果如图 7-72 所示。

图 7-72

STEP22 选择滚轮，填充为黑色，设置参数 CMYK 为 0、0、0、100，轮廓色设置为"无"。

STEP23 使用【Ctrl】+【C】快捷键和【Ctrl】+【V】快捷键原位置复制一个滚轮，填充为红色，设置参数 CMYK 为 0、100、100、0。

STEP24 单击工具箱的【透明度工具】图标，在【透明度类型】中选择【位图图样透明度】如图 7-73 所示，完成效果如图 7-74 所示。

图 7-73   图 7-74

STEP25 将鼠标指针放于正方形中心的白色菱形位置，当指针变成"+"，按住左键拖动正方形到滚轮正中央，效果如图 7-75 所示。

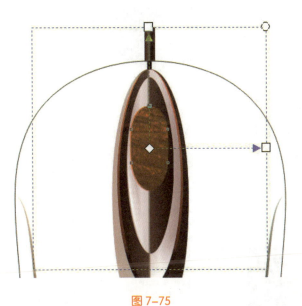

图 7-75

STEP26 单击属性栏中的【第一种透明度挑选器】，在其下拉列表中选择【个人】（因为列表中没有我们可以用的位图图样）如图 7-76 所示。在弹出的对话框中，通过路径找到素材库中可用的位图图样如图 7-77 所示，单击【导入】按钮，将此位图图样导入虚线框内。

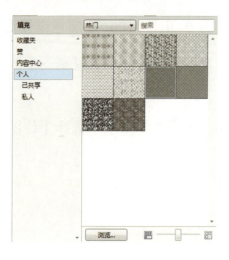

图 7-76

图 7-77

⬤STEP27 配合【Ctrl】键，在虚线框的右上角圆圈处按住鼠标左键向中心拖动，将虚线框的宽度与滚轮的宽度调节一致如图 7-78 所示。

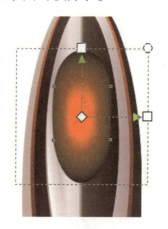

图 7-78

⬤STEP28 按【F11】键对滚轮进行渐变填充，弹出的对话框设置如图 7-79 所示。【交互式填充】选项内的【位置】和【矩形渐变色块】的颜色设置，如图 7-80 至图 7-85 所示。填充后的效果如图 7-86 所示。

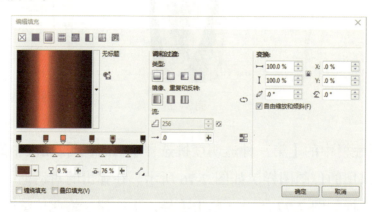

图 7-79

图 7-80

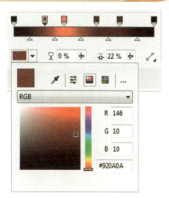

图 7-81

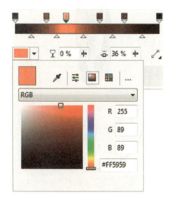

图 7-82

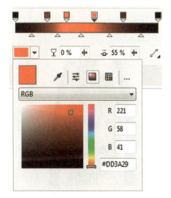

图 7-83

图 7-84

图 7-85

图 7-86

STEP29 使用【Ctrl】+【C】快捷键和【Ctrl】+【V】快捷键，将渐变填充的滚轮原位置复制一个，填充颜色，设置参数 CMYK 为 0、0、0、90。

STEP30 单击工具箱中的【透明度工具】图标，在属性栏中将【透明度类型】改为【射线】，并将白色方块向右侧拖动一段距离，位置如图 7-87 所示。

至此鼠标的初步填充效果完成，完成效果如图 7-88 所示。

图 7-87

图 7-88

任务三：填充鼠标壳体

STEP01 单击工具箱的【挑选】图标，选择除鼠标轮廓外的所有图形，使用【Ctrl】+【G】快捷键，单击菜单栏中的【对象】→【锁定对象】选项。

STEP02 本任务主要是利用【网状填充工具】完成鼠标表面的光影效果。在进行填充之前，需要绘制几条明暗交接线，以辅助我们更直接地进行填充工作。单击工具箱中的【贝塞尔】图标工具，配合【形状】工具绘制的几条明暗交接线，效果如图 7-89 所示。

图 7-89

相关说明　明暗交接线。

我们首先要明白一点"明暗交接线"并不是一条线。一个物体有受光的亮面也有背光的暗面，暗面会有环境对它的反光。物体上光源照不到和反光也照不到的地方就是最暗的区域（面），这个区域与其他区域的交线就是明暗交接线，凡是结构有转折的地方就必定会有明暗交接线。只有把明暗交接线表现出来，物体才会有立体感。

操作提示　可以先绘制出左侧的明暗交接线，再镜像复制出右侧的明暗交接线。

●**STEP03**　框选绘制的几条明暗交接线，填充轮廓色，设置参数 CMYK 为 0、0、0、20，单击菜单栏中的【对象】→【锁定对象】选项。

●**STEP04**　在页面空白位置单击，不选择任何图形，单击工具箱中的【网状填充工具】图标，在属性栏中设置【网格大小】参数如图 7-90 所示。

操作提示　为对象网格填充时，必须注意开始阶段网格的数目设置要少，可以在需要的时候再添加网格线。如果开始阶段网格线的数目设置过多，操作过程中有的节点可能需要删除，删除的节点则会影响颜色过渡的效果。

●**STEP05**　单击鼠标轮廓，套用图 7-90 中的数据，完成效果如图 7-91 所示。

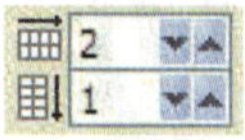

图 7-90

图 7-91

●**STEP06**　在鼠标轮廓的左侧上边缘分别双击，创建 3 条纵向网格线；在轮廓的左侧左边缘分别双击，创建 4 条横向网格线，如图 7-92 所示。

操作提示　创建网格线的时候，不可以在对象轮廓的节点处双击创建网格线，否则就会删除轮廓上的节点，导致轮廓变形。

● STEP07 用 STEP06 的方法，在鼠标右侧添加与左侧对称的纵向、横向网格线，效果如图 7-93 所示。

 创建右侧网格线的时候，尽量使其与左侧的网格线对称，如果不能够完全对称，可以后期加以调整，不必为了追求完全对称而反复操作。

图 7-92

图 7-93

● STEP08 双击网格线上多余的节点（纵向网格线与横向网格线未交叉的节点），将其删除，以免影响网格填充颜色过渡的效果（如图 7-94 所示）。在以下的步骤中我们还要添加网格线，多余的节点也要删除。

● STEP09 继续用网格工具框选鼠标上所有的节点，效果如图 7-95 所示，单击属性栏中的【生成对称节点】图标 。

图 7-94

图 7-95

在以下步骤中创建网格线的时候，均要将网格线上的节点生成对称节点，目的是使填充颜色过渡均匀。

●STEP10　继续使用网状填充工具，选择鼠标上的节点并拖动，调整网格线的形状，使其尽量与明暗交接线形状匹配（稍有偏差无妨），调整的效果如图 7-96 所示。

　　下面我们要进行颜色填充，在填充之前要设置四个调色板中没有的颜色，并且保存到调色板里。

●STEP11　单击调色板上方的 ▶ 图标，在下拉菜单中单击【窗口】→【调色板】→【调色板编辑器】选项，在弹出的对话框中，单击右上部的【添加颜色】按钮，效果如图 7-97 所示。

图 7-96

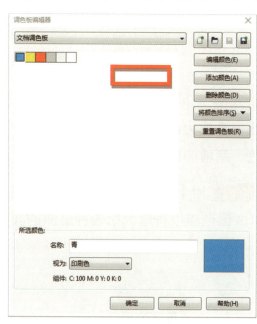

图 7-97

●STEP12　如图 7-98 所示，在弹出的【选择颜色】对话框中将【模型】设置为【RGB】，分别输入 R、G、B 的数值，每次设置完一种颜色就单击一次【确定】按钮，将颜色添加到调色板中。新增的四种颜色色值如下。

　　RGB：255、235、247；RGB：161、141、141；

　　RGB：99、71、81；RGB：46、12、28。

●STEP13　添加后的颜色如图 7-99 所示，添加完颜色后单击【确定】按钮，关闭对话框。

用网格填充颜色的过程是难度比较高的，设计者要有绘画基础知识。这个过程就像绘画一样，在适当的地方填上合适的颜色，然后调整颜色间的过渡效果。只要用心体会，反复练习，就可以渡过这个难关。

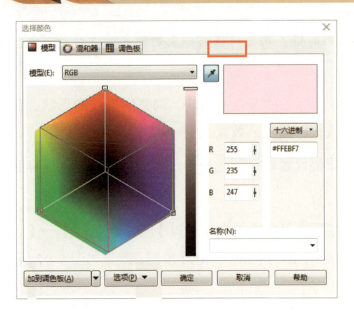

图 7-98

图 7-99

● STEP14 把鼠标指针放在调色板最上方的 ⋯ 图标上，当指针变成 ✛，按住鼠标左键将调色板拖出来成为浮动面板，放置在合适的位置。这是为了在网格填充时方便在调色板中选择颜色。新增的四个颜色位置如图 7-100 所示。

● STEP15 用【网状填充工具】框选并配合【Shift】键加选，将鼠标轮廓上的所有节点选中，单击调色板中新增的第四种最深的颜色（以下简称第四色），完成效果如图 7-101 所示。

扫一扫 学一学

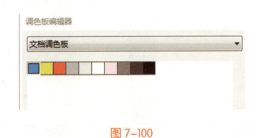

图 7-100

图 7-101

● STEP16 框选靠近滚轮右侧网格线上的两个节点，填充第四色，过程如图 7-102 所示。

● STEP17 框选如图 7-103 所示的节点，单击调色板中新增的第三种颜色（以下简称第三色）。

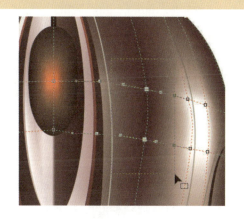

图 7-102

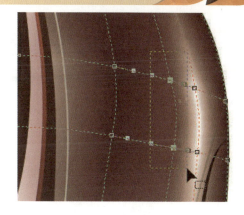

图 7-103

STEP18 框选靠近滚轮左侧网格线上的节点，填充第四色，如图 7-104 所示。

STEP19 框选右下部的三个节点，如图 7-105 所示，填充第四色。

STEP20 框选下部中间的节点，如图 7-106 所示，填充第三色。

STEP21 框选左下部的三个节点，如图 7-107 所示，单击调色板中新增的第二种颜色（以下简称第二色）。

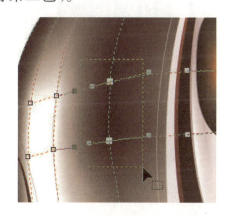

图 7-104

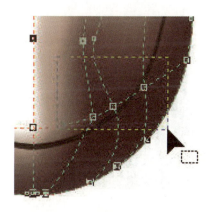

图 7-105

图 7-106

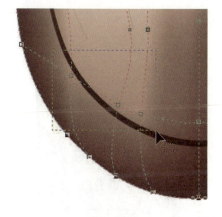

图 7-107

STEP22 框选如图 7-108 所示的节点，填充第二色。

STEP23 框选鼠标右侧三条网格线上的节点如图 7-109 所示，填充第三色。

STEP24 框选右侧最外边的网格线上的两个节点如图 7-110 所示，填充第二色。几次填充的效果如图 7-111 所示。

图 7-108

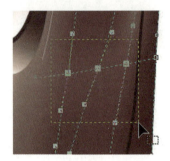

图 7-109

图 7-110

图 7-111

STEP25 在如图 7-112 所示的指针位置上双击，添加一条纵向网格线。框选该网格线上的两个节点，填充第四色，效果如图 7-113 所示。

图 7-112

图 7-113

STEP26 框选该网格线下部的节点，填充第四色，效果如图 7-114 所示。

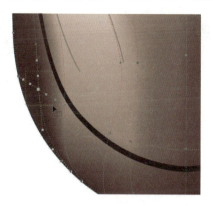

图 7-114

STEP27 在如图 7-115 所示的指针位置及上方分别添加两条横向网格线，并微调网格线的位置及平滑度。

图 7-115

STEP28 框选如图 7-116 所示的节点，填充第四色。

STEP29 框选如图 7-117 所示的节点，填充第三色。

图 7-116

图 7-117

STEP30 框选如图 7-118 所示的节点，填充第二色。

STEP31 在如图 7-119 所示的指针位置上添加一条纵向网格线。使节点【生成对称节点】，并调整网格线形与其下面的明暗交接线匹配。

图 7-118   图 7-119

STEP32 框选如图 7-120 所示的节点，填充第二色。

STEP33 框选如图 7-121 所示的三个节点，填充第一色。

STEP34 在如图 7-122 所示的指针位置上添加一条横向网格线。

图 7-120   图 7-121   图 7-122

STEP35 在刚添加的网格线上框选如图 7-123 所示的节点，填充第三色。

鼠标左半部分的填充完成，效果如图 7-124 所示。

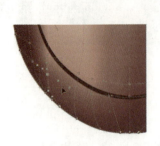

图 7-123   图 7-124

STEP36 在如图 7-125 所示的鼠标右侧指针位置上添加一条纵向网格线。

STEP37 在刚添加的网格线上框选如图 7-126 所示的四个节点，填充第四色。

图 7-125

图 7-126

STEP38 在如图 7-127 所示的滚轮右侧指针位置上添加一条纵向网格线。

STEP39 在刚添加的网格线上框选如图 7-128 所示的四个节点，填充第四色。

图 7-127

图 7-128

STEP40 框选鼠标右侧下部的八个节点，填充第四色，效果如图 7-129 所示。

STEP41 单击工具箱中的【挑选】图标，选择明暗交接线，按【Del】键将其删除。此时的整体效果如图 7-130 所示。下面我们根据光线照射的方向对部分结构进行微调，然后再添加几处高光。

图 7-129

图 7-130

●STEP42 单击菜单栏中的【对象】→【对所有对象解锁】选项，或者按【Ctrl】+【U】键取消群组。

●STEP43 框选鼠标滚轮部分（包括四个椭圆、滚轮及轮廓上方黑色分隔槽），单击属性栏中的【水平镜像】图标 ，效果如图 7-131 所示。

●STEP44 参考"任务二"中 STEP13 ~ STEP17 步骤的修剪图形的方法，制作出椭圆 1 及椭圆 4 的月牙形高光，效果如图 7-132 所示。

图 7-131

图 7-132

●STEP45 单击 U 形分隔槽，向下移动复制一份，填充白色，效果如图 7-133 所示。

●STEP46 单击工具箱中的【交互式透明】图标 ，调整交互透明的黑白方块位置、距离，并将白色高光部分置于黑色 U 形分隔槽下层，效果如图 7-134 所示。

图 7-133

图 7-134

至此，鼠标的填充工作全部完成，整体效果如图 7-135 所示。下面我们为鼠标添加阴影、背景等效果。

STEP47 框选鼠标所有部分，单击菜单栏中的【位图】→【转换为位图】选项，在弹出的对话框中进行参数设置如图 7-136 所示，单击【确定】按钮，把矢量图的鼠标转换为位图。

图 7-135

图 7-136

STEP48 再次单击，在属性栏中设置【旋转角度】为 329°，效果如图 7-137 所示。

STEP49 单击工具箱中的【透明度工具】图标，在鼠标线的中间地方按住左键向上拖动，位置如图 7-138 所示。

图 7-137

图 7-138

● STEP50 单击工具箱中的【阴影】图标⬚，从鼠标的正中心按住左键向右下角拖动，效果如图 7-139 所示。属性栏中阴影的各项设置如图 7-140 所示，其中阴影颜色为 RGB：51、6、47。

图 7-139

图 7-140

● STEP51 单击标准工具栏中的【导入】图标🖼，导入格式为"·jpg"的图片，并调整图片的大小，将其放置于鼠标下层，效果如图 7-141 所示。

以上是本案例的设计及制作过程，最终效果如图 7-141 所示。

图 7-141

作品欣赏

图 7-142 至图 7-153 为各种不同造型的物品。

图 7-142

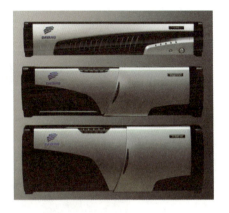

图 7-143

图 7-144

图 7-145

图 7-146

图 7-147

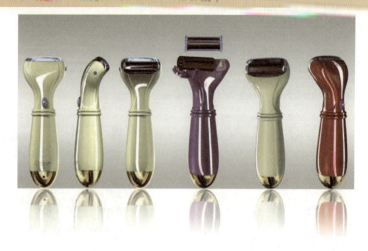

图 7-148

图 7-149

图 7-150

图 7-151

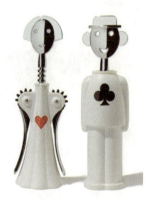

图 7-152

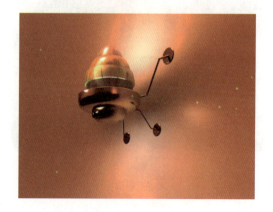

图 7-153

 **课后实训**

手机音箱设计。

要求：

（1）手机音箱造型不限；

（2）充分考虑音箱的特定使用对象——手机；

（3）色彩简洁明快，造型大方得体、美观；

（4）附带100字的文字说明（想法、设计思路）。

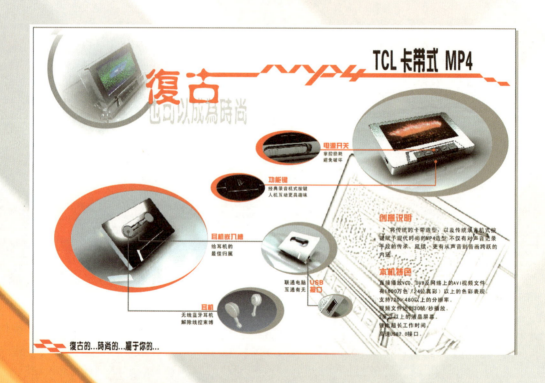

TCL 卡带式 MP4

复古
也可以成为时尚

电源开关
掌控损耗
避免破坏

功能键
经典录音机式按键
人机互动更具趣味

耳机嵌入槽
给耳机的
最佳归属

联通电脑
互通有无

USB
接口

耳机
无线蓝牙耳机
解除线控束博

创意说明
　将传统的卡带造型，以及传统录音机式按
键赋予现代时尚的MP4造型，不仅有对声音记录
手段的传承、延续，更有从声音到音画跨跃的
内涵。

本机特色
直接播放VCD、DVD及网络上的AVI视频文件；
有1600万色（24位真彩）以上的色彩表现；
支持720×480以上的分辨率；
视频文件达到30帧/秒播放。
2英寸以上的液晶屏幕。
较长超长工作时间。
采用USB2.0接口。

复古的...時尚的...属于你的...

案例八

产品宣传展示板设计

● **任务引入**

老师：大家知道什么是 KT 板吗？

学生：不太清楚啊。

老师：有没有看到学校走廊里墙上展示的展板呢？

学生：有啊，哪座教学楼里墙上都有，大的、小的。

老师：那个就是 KT 板，我们在 KT 板上进行图片、文字色彩的版式编排之后，它就是宣传展示板了，下面我们一起来学习产品宣传展示板的设计。

任 务 实 施

⭐ **展示板设计概述**

1. 宣传展示板的材料

宣传展示板是由一种叫 KT 板的材料制成的。KT 板是一种发泡板材，是一种轻型的装饰板，实际就是两面贴有光滑纸张的泡沫板。KT 板一般用于展览展示、展示建筑设计成果图、展示工程效果图、产品展示等。其特点是美观大方、广告效果好、方便轻捷、经济实惠、易于安装和更换，符合广告展示牌的制作规范。

2．宣传展示板材料的组成部分

（1）KT 板+边条+覆膜+（背胶相纸、相纸、涂料纸）。KT 板材有普通和高密度之分，普通 KT 板价格较便宜，但易起泡，适用于短期促销或展会；高密度 KT 板不易起泡，适宜形象展示、产品展示使用。

（2）安迪板+背胶+覆膜。安迪板材制作的展板有不易损坏、不易变形的特点，其造价比 KT 板高，展示效果较好。

3．宣传展示板的设计

（1）构思设计。展板设计构思要从展示的目的、作用等着想，首先是文字，就是设计者感想的部分，还有理解的部分；其次是图片，图片不要太花哨，要掌握好人的视觉流程。

（2）版面编排设计的原则。

①主题突出。版面编排的目的是用愉悦的组织来突出主题，传播信息。一个成功的版式设计不是设计师的自我陶醉，而是在明确目的的基础上对内容的完美展现。

设计师一般可通过版面的空间层次、主次关系及视觉秩序等使版面主题突出，并具备良好的诉求力。按照主从关系的顺序，使产品本身成为主体，占据整个版面的视觉中心；在主体周围增强空白，或者将图片处理成前明后暗的效果，使主体被强调，从而更加引人注目。另外，将文章中各种信息整体编排，注意与主体的关系，这样会使主题鲜明，使人一目了然。

②简明易懂。由于平面类的设计只能在有限的空间里与读者交流，这就要求版面单纯、简洁。可以说，编排设计是一种"减法"艺术，奉行的是"更少是为了更多"的原则。只有通过对信息的浓缩处理，才能精练地表达内容，形成新颖的艺术构思。

③形制统一。版面的编排设计需要独创性、艺术性、趣味性、装饰性。但是这一切都必须建立在表现形式能够牢牢扣住主题的基础上。只讲究内容，在形式上缺乏美感的版面编排是空洞的；只讲究艺术形式，脱离内容的编排就更糟糕。只有将内容与形式统一，找到既符合内容又出色的表现形式，才能使版面编排独特而有分量。

④整体协调。每种版面都是由多种要素组合而成的。如何在版面结构及色彩上达到整体一致，从而获得良好的视觉效果，也是版面编排设计的一个重要原则。

第一，通过加强结构的方向秩序感，增强视觉冲击力。

第二，加强文案的集合性，使文案的条理性更强。

第三，版面运用同一因素的不同形状表现，也可达到整体协调的效果。

此案例利用 CorelDRAW X7 软件设计产品的宣传展示板。最终效果如图 8-1 所示。

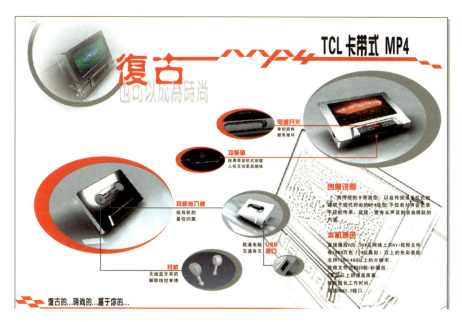

图 8-1

产品宣传展示板的设计与制作过程

任务：产品宣传展示板的设计与制作

●STEP01 打开 CorelDRAW X7 软件，单击菜单栏中的【文件】→【新建】选项，新建一个空白文件，设定纸张大小，如图 8-2 所示。

图 8-2

●STEP02 单击工具箱中的【椭圆】图标 ⚪，配合【Ctrl】键绘制一个正圆。在属性栏中，设置【对象大小】和【轮廓宽度】如图 8-3、图 8-4 所示，填充轮廓色，设置参数 CMYK 为 0、0、0、50，效果如图 8-5 所示。

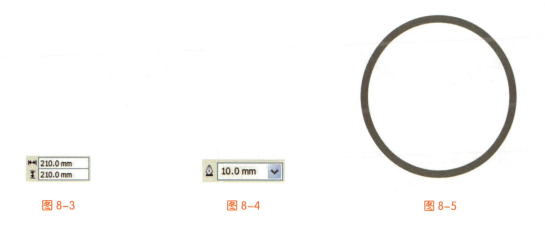

图 8-3   图 8-4   图 8-5

●STEP03 单击属性栏中的【弧形】图标○，配合工具箱中的【形状】命令，在弧形的任何一个节点上按住鼠标左键拖动，将圆形修改成弧形，如图 8-6 所示。

●STEP04 单击菜单栏中的【排列】→【将轮廓转换为对象】选项，或者使用快捷键【Ctrl】+【Shift】+【Q】，效果如图 8-7 所示。

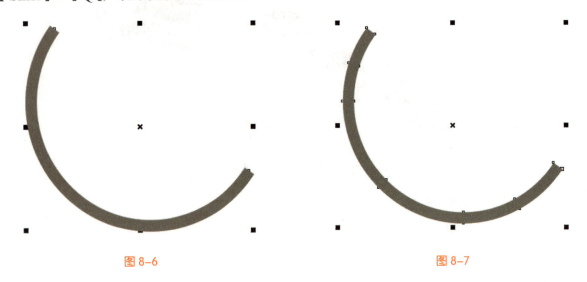

图 8-6   图 8-7

●STEP05 单击菜单栏中的【视图】→【贴齐对象】选项，或者使用快捷键【Alt】+【Z】，单击工具箱中的【矩形】图标□，在弧形的两端轮廓分别绘制两个小矩形，效果如图 8-8 所示。

●STEP06 框选上端的小矩形和弧形，单击属性栏中的【后减前】图标，修剪弧形顶端。之后用同样的方法修剪弧形下端的轮廓，两次修剪效果如图 8-9 所示。

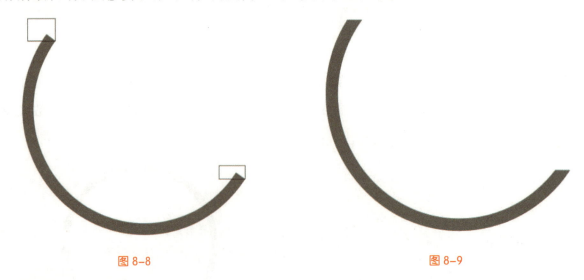

图 8-8   图 8-9

●STEP07 选中弧形，按住鼠标左键向左上方拖动，不松开鼠标左键直接右击，移动复制一个弧形，位置如图 8-10 所示。

图 8-10

STEP08 单击工具箱中的【矩形】图标□，贴齐下面弧形的顶端绘制一个大矩形，效果如图 8-11 所示。

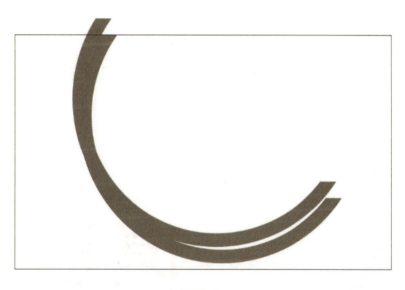

图 8-11

STEP09 配合【Shift】键加选矩形和上面弧形，单击属性栏中的【后减前】图标□，修剪上面弧形，效果如图 8-12 所示。

STEP10 框选两个对象，单击属性栏中的【焊接】图标□，将两个对象焊接为一体。

STEP11 单击工具箱中的【交互式透明】图标□，按住鼠标左键从弧形中上部向上方拖动，效果如图 8-13 所示。

STEP12 单击工具箱中的【文本】图标字，在窗口中的合适位置单击，然后在属性栏中设置【字体】及【字体大小】如图 8-14 所示，输入"复古"，填充红色，设置参数 CMYK 为 0、100、100、10，调整位置如图 8-15 所示。

STEP13 单击工具箱中的【矩形】图标□，绘制一个矩形。在属性栏中，设置【对象大小】如图 8-16 所示，填充红色，设置参数 CMYK 为 0、100、100、10，轮廓色设置为"无"，调整位置如图 8-17 所示。

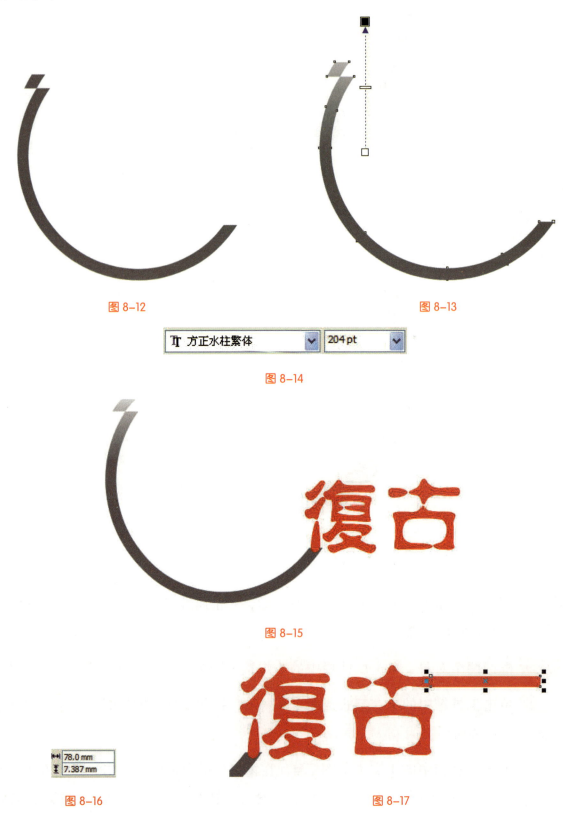

图 8-12

图 8-13

方正水柱繁体　204 pt

图 8-14

图 8-15

图 8-16

图 8-17

● STEP14 单击属性栏中的【转换为曲线】图标 ⊙，然后单击工具箱中的【形状】图标，配合【Ctrl】键，将矩形的右下角向左拖动，效果如图 8-18 所示。

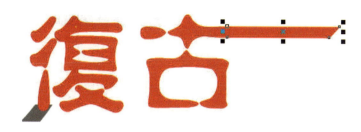

图 8-18

● STEP15 单击菜单栏中的【窗口】→【泊坞窗】→【变换】→【比例】选项，或者使用快捷键【Alt】+【F9】，单击【水平镜像】图标 ，参数设置如图 8-19 所示，单击【应用到再制】按钮，效果如图 8-20 所示。

图 8-19　　　　　　　　　　　　　　　　　　图 8-20

● STEP16 继续单击【比例】，单击【水平镜像】图标 ，再次单击【垂直镜像】图标 ，参数设置如图 8-21 所示，然后单击【应用】按钮，效果如图 8-22 所示。

图 8-21　　　　　　　　　　　　　　　　　　图 8-22

●STEP17 单击工具箱中的【挑选】图标，配合【Ctrl】键，向右移动镜像后的对象，位置如图 8-23 所示（这里将复制的对象填充黑色便于观察）。

图 8-23

●STEP18 配合【Shift】键，加选镜像的对象和复制的对象，单击属性栏中的【后减前】图标，修剪出一个菱形，效果如图 8-24 所示。

●STEP19 打开【贴齐对象】命令，或者使用快捷键【Alt】+【Z】，在菱形的左下角节点处，按住鼠标左键向菱形左上角节点处拖动，当捕捉到节点时，不松开左键直接右击，移动复制一个菱形，效果如图 8-25 所示。

图 8-24   图 8-25

●STEP20 配合【Shift】键，加选两个菱形，单击菜单栏中的【窗口】→【泊坞窗】→【变换】→【比例】选项，或者使用快捷键【Alt】+【F9】，单击【水平镜像】图标，参数设置如图 8-26 所示，单击【应用到再制】按钮，效果如图 8-27 所示。

图 8-26   图 8-27

● **STEP21** 参照 STEP13～STEP20 的做法，将后面的图形制作出来，中间的一些菱形拼的是文字"MP4"，效果如图 8-28 所示。

图 8-28

● **STEP22** 重复以上步骤，制作页面底部的红色图形部分，效果如图 8-29 所示。

图 8-29

● **STEP23** 单击工具箱中的【交互式透明】图标 ，在底部红色线条靠近右侧的地方，按住鼠标左键向右拖动，将其进行透明处理，效果如图 8-30 所示。

图 8-30

● **STEP24** 单击工具箱中的【文本】图标 字 ，在"复古"下方单击，在属性栏中，设置【字体】及【字体大小】如图 8-31 所示，输入"也可以成为时尚"，填充颜色的参数 CMYK 设置为 0、0、0、40，调整位置如图 8-32 所示。

T 方正水柱繁体   154 pt

图 8-31   图 8-32

● **STEP25** 单击工具箱中的【挑选】图标 ，按【Shift】+【PgDn】快捷键，将灰色文字置于最底层。

● **STEP26** 单击工具箱中的【文本】图标 字 ，在窗口单击，在属性栏中设置【字体】及【字体大小】如图 8-33 所示，输入"TCL 卡带式 MP4"，填充黑色，设置参数 CMYK 为 0、0、0、100，调整位置如图 8-34 所示。

TT 方正综艺简体	▼	138 pt	▼

图 8-33

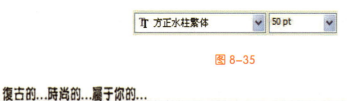

图 8-34

● STEP27 继续单击【文本】图标 字，在下方的红色线条上单击，在属性栏中设置【字体】及【字体大小】如图 8-35 所示，输入 "复古的...时尚的...属于你的..."，填充黑色，设置参数 CMYK 为 0、0、0、100，调整位置如图 8-36 所示。

TT 方正水柱繁体	▼	50 pt	▼

图 8-35

復古的...時尚的...屬於你的...

图 8-36

● STEP28 单击工具箱中的【挑选】图标 ，单击标准工具栏中的【导入】图标 ，导入格式为 ".jpg" 的卡带效果图，将其放于灰色半弧形上。

● STEP29 单击工具箱中的【交互式透明】图标 ，在属性栏的【透明度类型】下拉菜单中选择【射线】如图 8-37 所示，效果如图 8-38 所示。

图 8-37

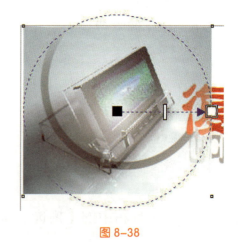

图 8-38

● STEP30 单击属性栏中的【编辑透明度】图标 ，在弹出的对话框中，将【交互式填充】下方的【从】后的白色改成黑色，【到】后的黑色改成白色，如图 8-39 所示，单击【确定】，关闭对话框。在黑色块上按住左键微调，效果如图 8-40 所示。

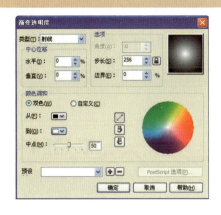

图 8-39   图 8-40

STEP31 单击工具箱中的【挑选】图标，按【Shift】+【PgDn】快捷键，将图片置于最底层。

STEP32 双击工具箱中的【矩形】图标，直接绘出与页面尺寸大小相同的矩形。

STEP33 单击工具箱中的【挑选】图标，单击标准工具栏中的【导入】图标，导入格式为".jpg"的卡带特殊效果图。

STEP34 单击菜单栏的【效果】→【图框精确剪裁】→【放置在容器中】选项，当鼠标指针变成，单击页面大小的矩形，使图置于矩形内部，并到矩形内部调整图的位置关系，效果如图 8-41 所示。

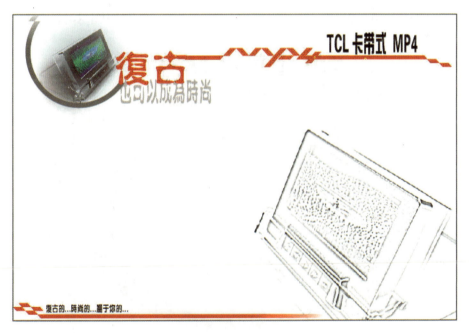

图 8-41

STEP35 按【Shift】+【PgDn】快捷键，将大矩形置于最底层。单击菜单栏中的【排列】→【锁定对象】选项，将大矩形锁定。

●STEP36 单击工具箱中的【椭圆】图标◯，在页面右侧绘制一个椭圆。在属性栏中，设置【对象大小】如图8-42所示，填充颜色，设置参数CMYK为0、0、0、50，轮廓色设置为"无"，效果如图8-43所示。

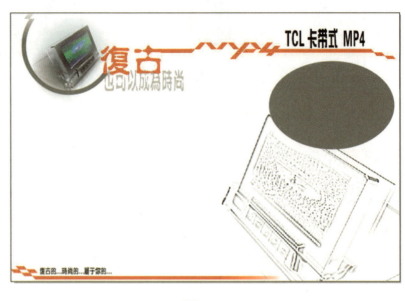

| 290.0 mm |
| 197.0 mm |

图 8-42   图 8-43

●STEP37 单击工具箱中的【挑选】图标⬚，在椭圆的右上角控制点处按住鼠标左键向左下方拖动，当出现适当大小的椭圆时，不松开左键直接右击，缩小复制一个椭圆，填充白色，设置参数CMYK为0、0、0、0，调整好位置关系，效果如图8-44所示。

图 8-44

●STEP38 配合【Shift】键加选两个椭圆，单击属性栏中的【群组】图标⬚。

STEP39 移动复制群组的椭圆至左侧（参考 STEP18 的移动复制方法），将灰色椭圆填充红色，设置参数 CMYK 为 0、100、100、10。单击属性栏中的【水平镜像】图标 ，效果如图 8-45 所示。

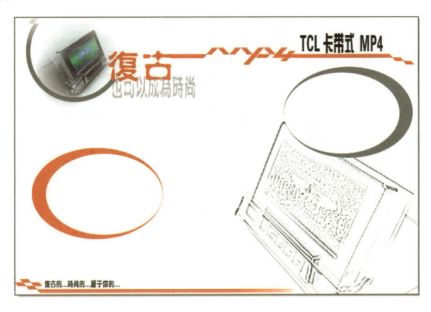

图 8-45

操作提示　如何更改群组里的对象颜色。

　　按住【Ctrl】键，单击要修改的对象，当对象周围出现"圆形"控制点时，即可以正常方式对其颜色进行更改。

STEP40 分别对灰色椭圆组及红色椭圆组进行移动复制，并调整复制后的对象大小关系和位置，效果如图 8-46 所示。

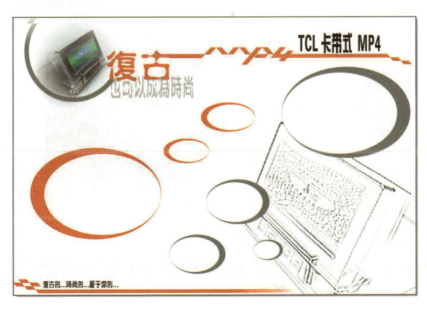

图 8-46

● STEP41 单击标准工具栏中的【导入】图标 ，导入格式为".jpg"的 7 张效果图，将它们分别置于白色椭圆形内部。注意内置前将椭圆组取消群组，效果如图 8-47 所示。

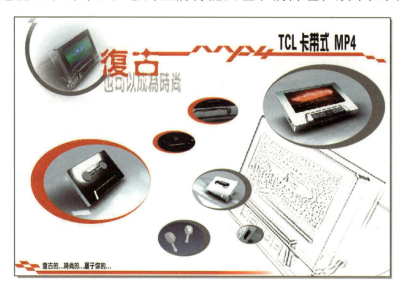

图 8-47

● STEP42 单击工具箱中的【手绘】图标 ，配合【Ctrl】键，绘制一条水平线。在属性栏中，设置【轮廓宽度】如图 8-48 所示，在【起始箭头选择器】中选择如图 8-49 所示的形状。填充轮廓色，设置参数 CMYK 为 0、100、100、10，效果如图 8-50 所示。

图 8-48   图 8-49

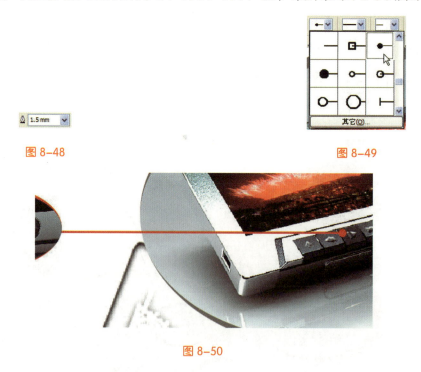

图 8-50

● STEP43 用 STEP42 的方法绘制其他的指示线，注意线段的方向只有水平或垂直方向。效果如图 8-51 所示。

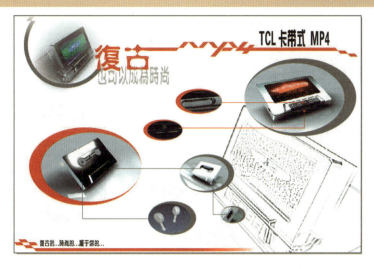

图 8-51

● STEP44　单击工具箱中的【文本】图标 字，在指示线上单击，在属性栏中设置【字体】及【字体大小】如图 8-52 和图 8-53 所示，输入各个部分的说明文字。大字填充红色，设置参数 CMYK 为 0、100、100、10，小字填充黑色，设置参数 CMYK 为 0、0、0、100，调整位置如图 8-54 所示。

Ⓣ 方正综艺简体	33 pt

图 8-52

Ⓣ 黑体	24 pt

图 8-53

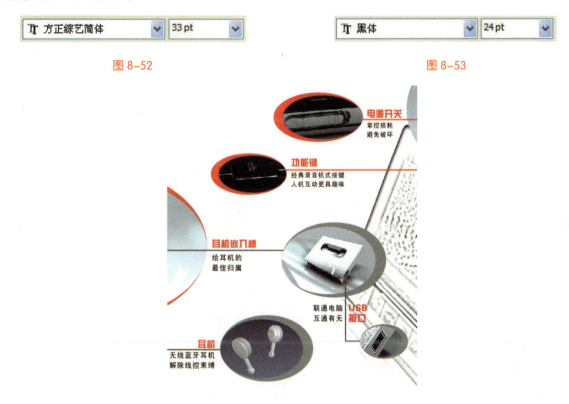

图 8-54

● STEP45　单击工具箱中的【文本】图标 字，在页面右侧单击，在属性栏中设置【字体】及【字体大小】如图 8-55 所示，输入文字，填充红色，设置参数 CMYK 为 0、100、100、10，效果如图 8-56 所示。

方正综艺简体   41 pt

图 8-55

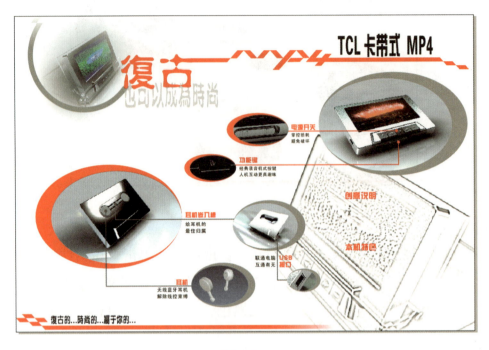

图 8-56

●STEP46 单击【文本】图标 字，在创意说明下方按住鼠标左键拖动出一个矩形虚线框，在属性栏中设置【字体】及【字体大小】如图 8-57 所示，输入文字，填充黑色，设置参数 CMYK 为 0、0、0、100，效果如图 8-58 所示。

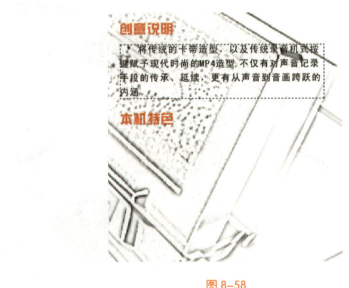

黑体   29 pt

图 8-57   图 8-58

操作提示

用【文本】创建文本，按住鼠标左键拖动出一个矩形虚线框，在其内部输入段落文字，换行时，不用按【Enter】键就可以轻松地自动换行。虚线框在软件中可以看到，导出图片或打印、印刷时候是不会有的。

STEP47 继续单击【文本】图标^字，完成以下黑色字的内容，字号和大小与上面的黑色字相同。效果如图 8-59 所示。

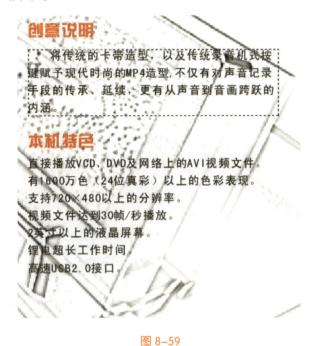

图 8-59

以上是本案例的设计及制作过程，最终效果如图 8-60 所示。

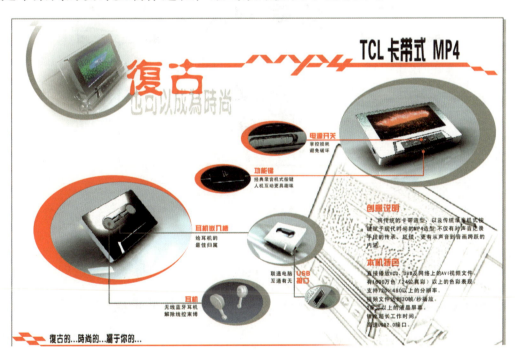

图 8-60

 作品欣赏

汽车的展示板设计如图 8-61 所示。

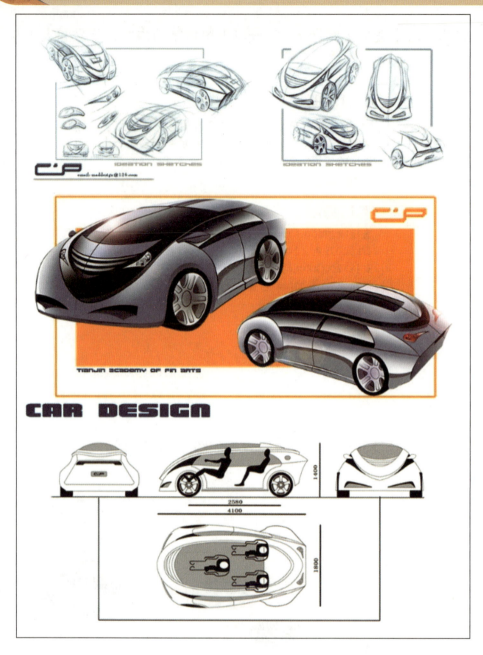

图 8-61

课后实训

为案例七的课后实训案例——手机音箱，设计一款宣传展示板。

要求：

（1）尺寸为 600mm × 900mm，横竖不限；

（2）主题突出、立意明确、简明易懂；

（3）文字、图形、色彩配置、版式设计合理；

（4）附带 100 字的文字说明（想法、设计思路）。